たんぽぽの秘密

著・森乃おと

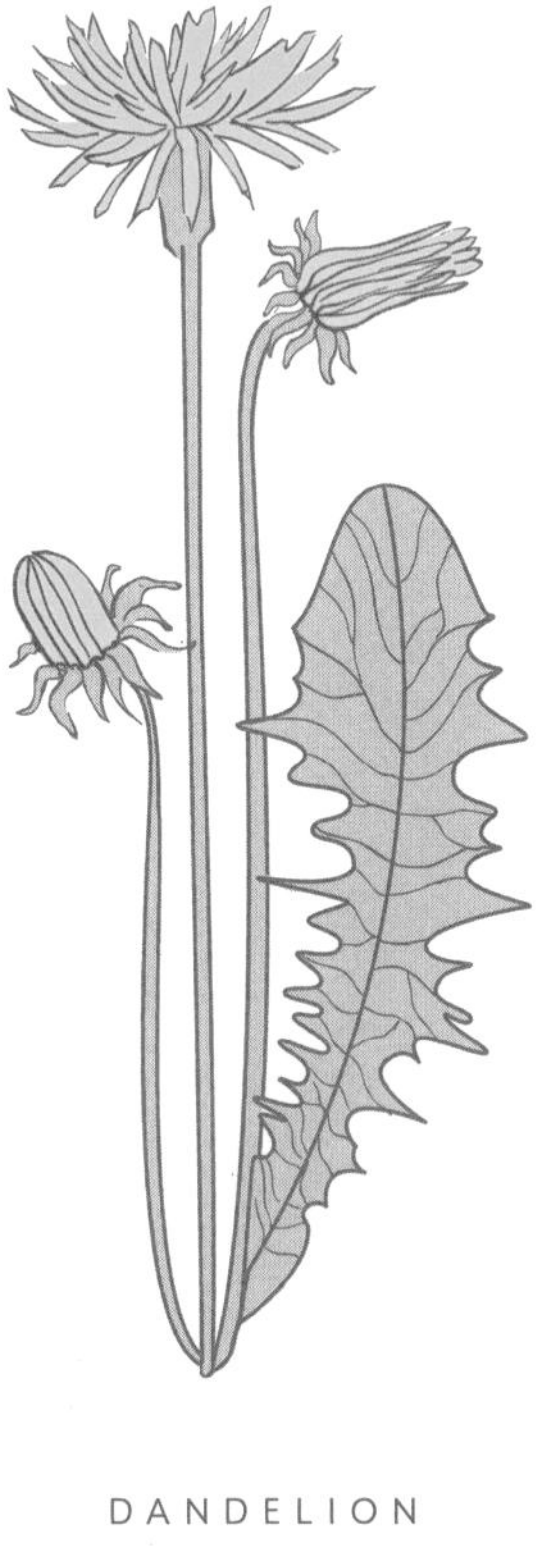

DANDELION

タンポポ

Taraxacum

【キク科タンポポ属の総称。多年草】

英名　｜ dandelion
漢字名｜ 蒲公英
分布　｜ 北半球を中心に広く分布

学名タラクサクムは「苦い草」を意味するアラビア語に由来。英名ダンデライオンの意味は「ライオンの歯」。ギザギザの葉の形による。

食用や薬草として古くから利用されてきた。

世界に約2000種類。日本には15～20種類。花の色は主に黄。白い種類もある。

はじめに *Introduction*

タンポポは私たちの誰もが知っている、一番身近な野の花です。妖精のように咲き群れて、幸福な黄金色に輝き、世界に春の来たことを告げてくれます。「たんぽぽ」という名前の響きも可愛らしく、一度聞いたら忘れられません。

そして、あのまん丸い綿毛のボール。誰しもが、折り取って息を吹きかけ、空を飛ぶ綿毛を見送ったことがあるでしょう。

タンポポを見つけるのに、遠くへ行く必要はありません。

ちょっとした空き地や道路の脇、公園の片隅など、いたるところであなたを待っています。

でも、どこにでも生えているからといって、タンポポはただのありふれた花ではありません。たくさんの謎や不思議を秘めた、あなどれない花なのです。

タンポポの花は、1つの花のように見えて、実はたくさんの小さな花の集まりです。

それぞれの小さな花には雄しべと雌しべもちゃんとあります。

花は朝開いて、夕になると閉じます。雨の日も閉じています。

どんな理由と仕組みがあるのでしょう?

花を支えている細い柄は、花が咲き終わるといったん倒れ、種子が熟すると元気よく起き上がります。

葉はなぜ、いつも地面に張りついているのでしょう？

どうしてでしょう？

そもそも、日本には何種類のタンポポがあるのか、意見は分かれています。「たんぽぽ」というユニークな名前が、いつの時代にどんな理由でつけられたのかもわかっていません。

近年、外来種のセイヨウタンポポが急速にふえる一方で、古くからある在来種のタンポポが減っていることに関心が高まっています。

各地で市民による「タンポポ調査」が行なわれるようになり、その結果、この事態が都市化の進行と密接な関連があることがわかってきました。

その地域にどんな種類のタンポポが見られるかを調べれば、地域の自然環境の変化がわかります。

タンポポは「環境指標植物」として注目を集めています。

私たちの生活に身近なタンポポを通じて、植物の世界の不思議に関心を向けていただければ幸いです。

タンポポ属の世界分布図

日本はタンポポ5大産地の1つ

タンポポの種類が多い地域

分布域

1 アイスランド
2 スカンディナビア半島南部
3 ヒマラヤ
4 日本列島
5 アラスカ南部

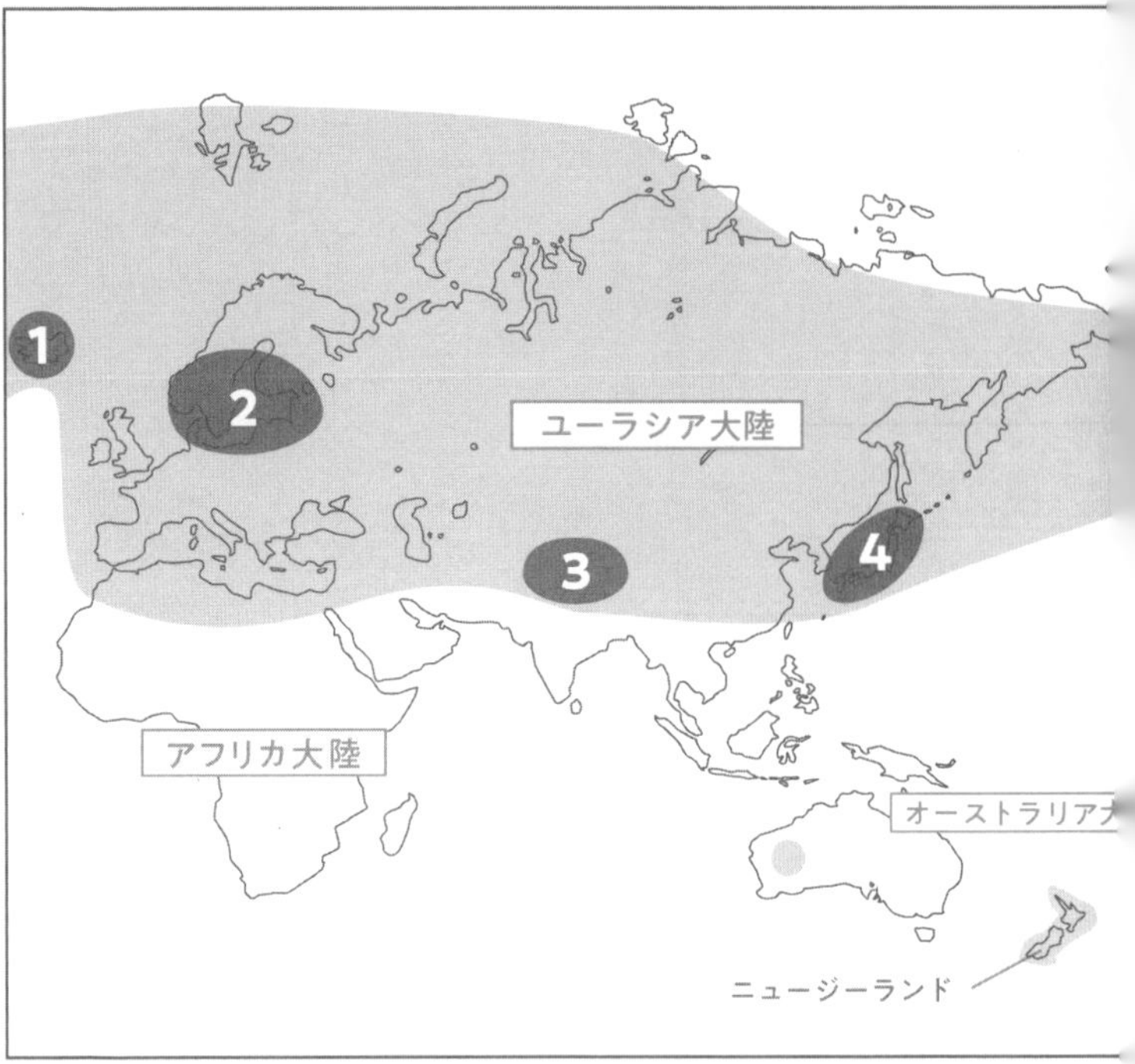

この図はイギリスの植物学者、A・J・リチャーズによるタンポポ属の分布図（1973年発表）をもとにして、作成したものです。
分布域は北半球のほぼ全域と、南半球でも南アメリカ大陸のアンデス山脈と南端部、オーストラリアの一部とニュージーランドに及んでいます。
5大産地の1つに日本列島を挙げた理由は、タンポポの種類が豊富であることです。

目次 *Contents*

タンポポの基本用語

頭花（とうか）**と小花**（しょうか）

タンポポの花は、たくさんの小さな花（小花）の集まり。花びらのように見えるのが小花。それぞれに雄しべも雌しべもある。
複数の花の集まりを「花序（かじょ）」という。キク科の植物のように、頭頂部に集まったものを「頭状花序（とうじょうかじょ）」、略して頭花（とうか）と呼ぶ。

総苞（そうほう）

頭花を支える緑色のうろこ状の組織。「内片（ないへん）」と「外片（がいへん）」の2層からなる。
総苞外片の形は、外来タンポポと在来タンポポを見分ける重要な手掛かりとなる。

主根（しゅこん）

タンポポの株を支える太くて長い1本の根。主根には短く細い側根が生える。

角状突起（かくじょうとっき）

総苞外片に生じる突起。その大小や有無は、在来タンポポ同士の分類の手掛かりとなる。

花茎（かけい）

頭花を支える長い柄。枝分かれせず、途中に葉もつけない。内部は中空。本来の茎は短く、地面に埋もれている。

ロゼット

タンポポの葉は、根元から出て、放射状に広がる。バラの花の形に似ているので、この形をロゼットと呼ぶ。一生をロゼットで過ごすのがタンポポ属の特徴。

痩果（そうか）

種子を収めた実。果肉がなく、皮だけなので、痩果と呼ばれる。冠毛（かんもう）＝綿毛がつき、風に乗って移動する。

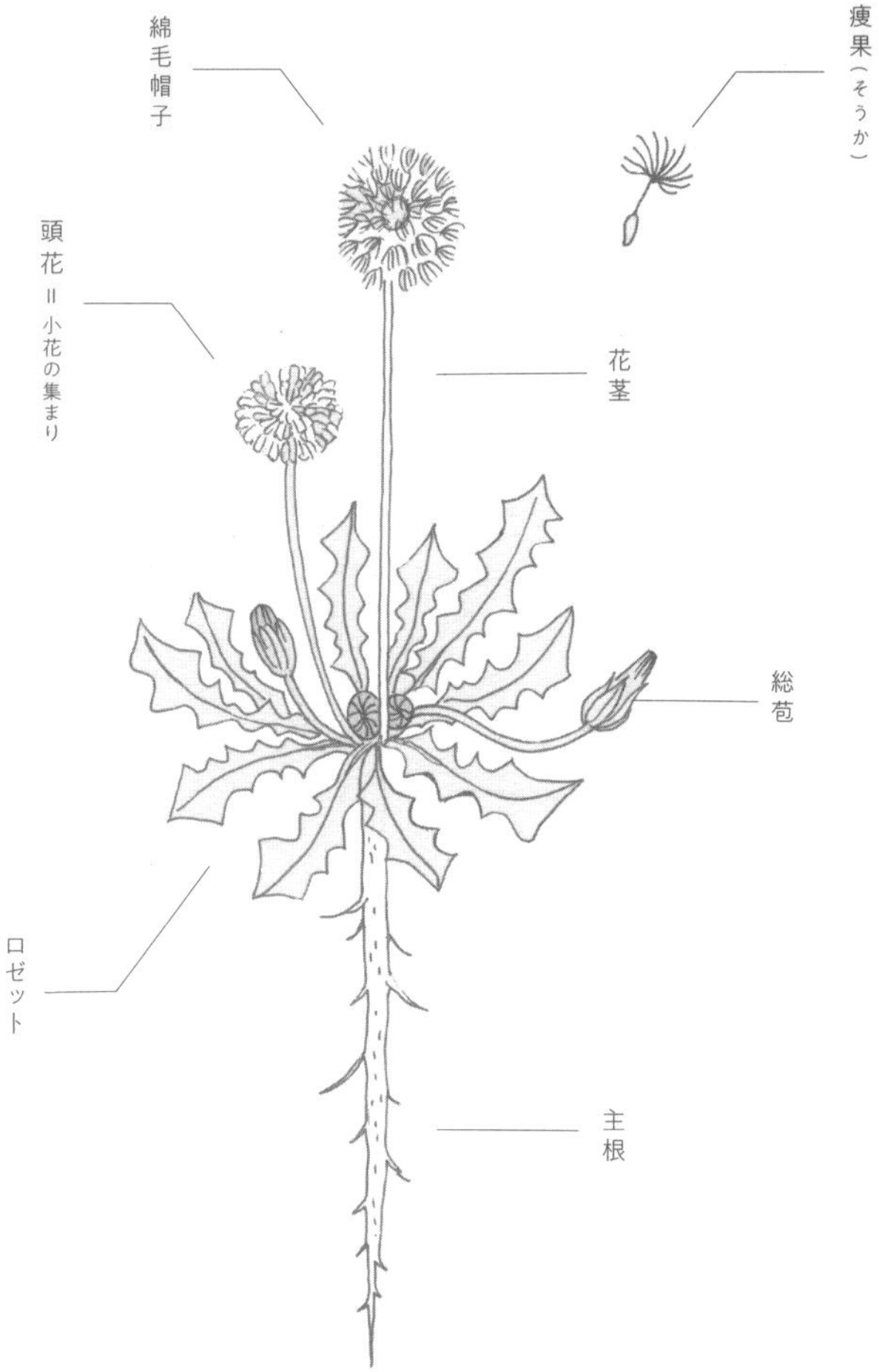
綿毛帽子
痩果（そうか）
頭花＝小花の集まり
花茎
総苞
ロゼット
主根

・Secret 1・

日本は
タンポポ王国《キングダム》

日本で見られるタンポポ

日本のタンポポは世界中の研究者から注目されています。タンポポ属は一般的にクローンでふえるのに、日本には受粉による有性生殖でふえるタンポポが普通に見られるからです。珍しい白花の種類もあります。

日本はまさに「タンポポの王国」なのです。

・日本に古くからある「在来タンポポ」

現在、日本で見られるタンポポは、古くから存在する「在来タンポポ」と、明治時代に入ってきた「外来タンポポ」とに、大きく分けられます。

まず、在来タンポポはいったい何種類あるでしょうか？

タンポポはなかなか分類が難しく、長年研究者たちを悩ませてきました。以前は100種類にも分類されていました。現在では15〜20種内とすることに落ち着いてきましたが、論争はいまだ続いています。

将来、遺伝子情報の比較研究が進めば、相互の異同や系統関係がより明らかになると期待されます。けれど、在来タンポポの分類はまた抜本的な見直しを迫られるかもしれません。

【受粉してふえる在来タンポポ】

在来種のうち、東北以南で普通に見られる黄色いタンポポは、染色体数を調べると2倍体で、受粉によってふえます。

本書ではカントウタンポポ、カンサイタンポポ、シナノタンポポ、トウカイタンポポ、島根県隠岐諸島のオキタンポポと、北海道の高山で見られるユウバリタンポポの計6種を紹介しています。

一見しただけでは区別がつきにくく、どの組み合わせでも元気な雑種をつくります。判別困難な中間的タイプも多いため、「ニホンタンポポ」として1つの種にまとめようという提案もあります。

【クローンでふえる在来タンポポ】

北海道から東北にかけて分布するエゾタンポポが代表格。

ほかに北海道ではシコタンタンポポとクモマタンポポ、本州中部の高山に生えるミヤマタンポポ、中国、四国の中山間地域に見られるクシバタンポポとヤマザトタンポポ、九州北部、中国、四国で見つかるモウコタンポポとツクシタンポポなどがあります。

【白い花のタンポポ】

白い花のタンポポもクローンでふえます。西日本から本州中央まで広域に分布するシロバナタンポポと、中国、四国の中山間地域で見られるキビシロタンポポなどがあります。

【外来種のタンポポ】

全国各地に広がっているセイヨウタンポポはクローンでふえます。もしかすると、みなさんが見ている黄色いタンポポは、ほとんどがセイヨウタンポポになっているのかもしれません。

実が赤くなるアカミタンポポもふえています。両方とも多くの雑種からなり、ヨーロッパでは、クローンの系統の違いによってセイヨウタンポポは１０００種、アカミタンポポは５００種にも分類しています。

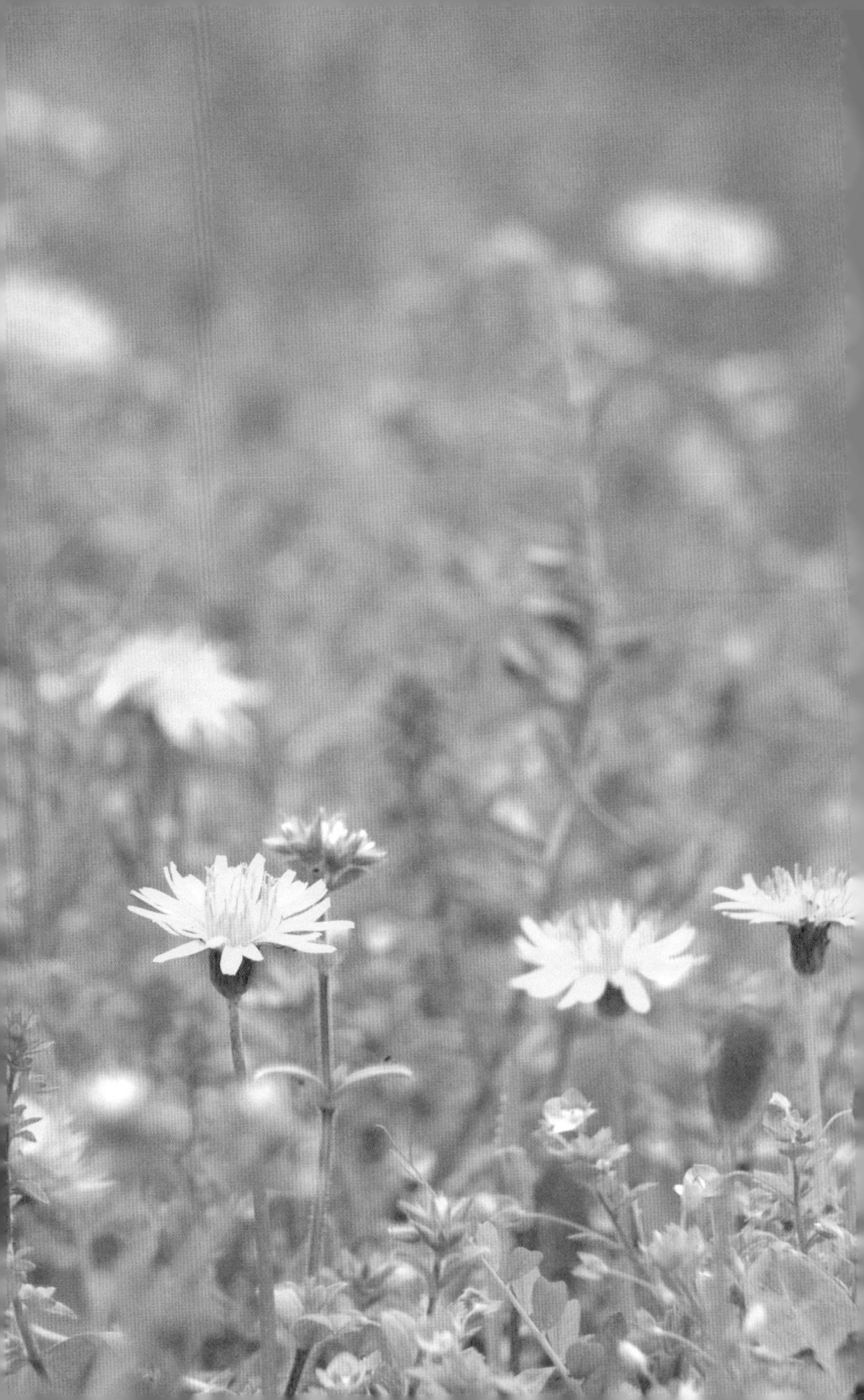

タンポポに会える場所

タンポポは日当たりのよい場所を好みます。森の中や草深い草原では見られません。タンポポは人間に寄り添う花なのです。

・**市街地**…公園や空き地、道路脇など。敷石の隙間からも顔を出します。

・**里山**…「里山」と呼ばれる農村こそ、タンポポは似合います。草刈りや野焼き、鍬入れが定期的に行なわれ、適度に踏みならされた場所は好都合。田畑のあぜ道や牧草地、土手の斜面などに、よく咲いています。

・**山里**…山間の山村地帯。

・**高山**…日当たりがよく競合する植物が少ないので、高山植物になっています。

在来タンポポの分布図

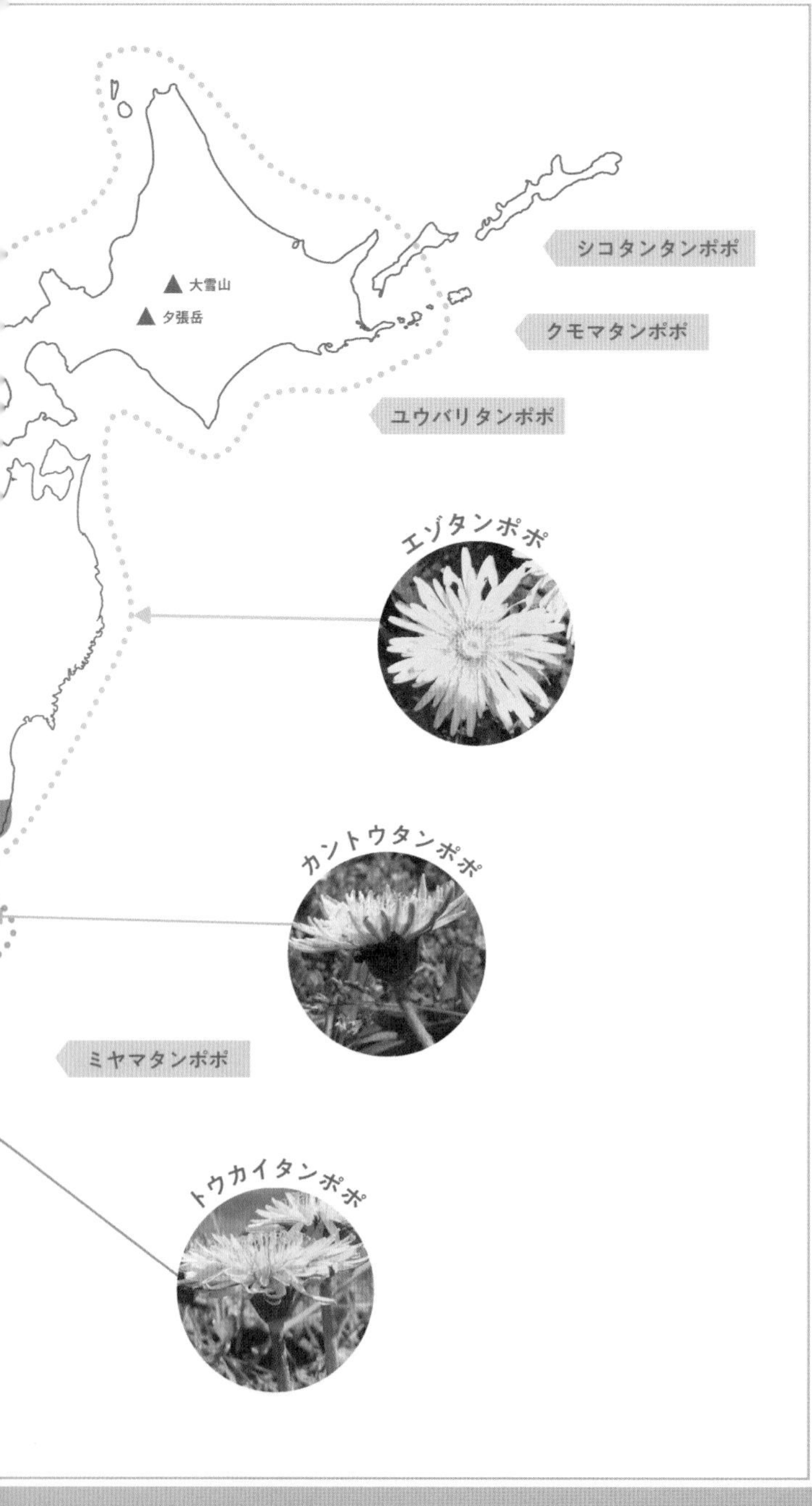
大雪山
夕張岳
シコタンタンポポ
クモマタンポポ
ユウバリタンポポ
エゾタンポポ
カントウタンポポ
ミヤマタンポポ
トウカイタンポポ

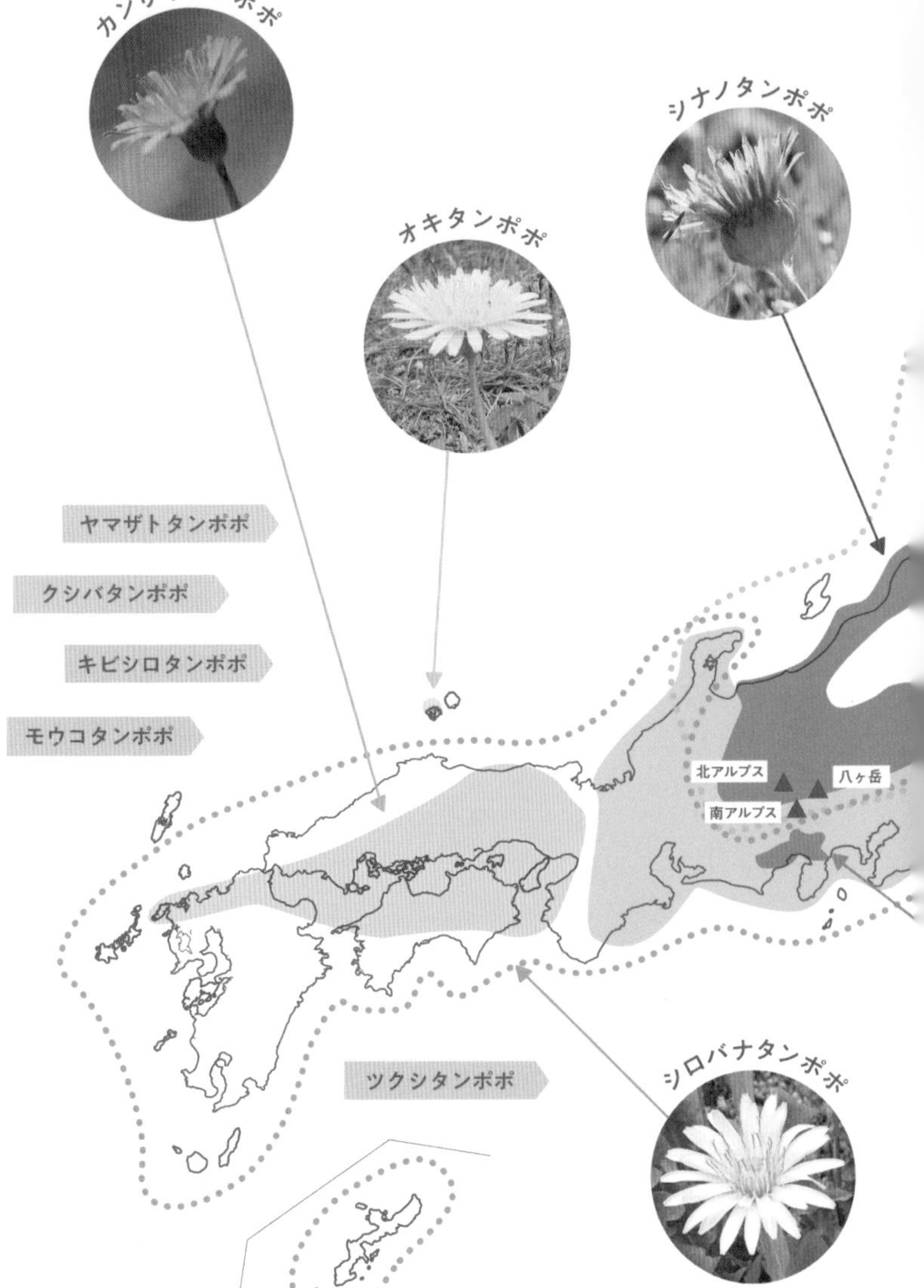

カンサイタンポポ
シナノタンポポ
オキタンポポ
ヤマザトタンポポ
クシバタンポポ
キビシロタンポポ
モウコタンポポ
北アルプス
八ヶ岳
南アルプス
ツクシタンポポ
シロバナタンポポ

タンポポの種類の見分け方

・**白花か黄花か**…まず花の色。白ければシロバナタンポポかキビシロタンポポ。

・**在来種と外来種の区別**…頭花を横から見て、総苞《そうほう》を調べましょう。外片が反り返っていれば外来種。真っすぐ立っていたら在来種です。

・**生育地・場所**…その地域でどんなタンポポが生育しているのか、分布図（22P）で調べましょう。次に場所。平地の市街地か里山か、山間部の山里か、高山か。図鑑（26〜43P）を参考にしてください。

・**総苞外片《そうほうがいへん》の形、花の大きさ、葉の形など**…総苞外片の長さや幅、角状突起《かくじょうとっき》の有無、頭花の大きさ、葉の形なども重要な手がかりとなります。種類によって特徴があります。図鑑（26〜43P）を参考にしてください。

・**花粉を調べる**…2倍体か倍数体かがわかれば、さらに絞り込めます。花粉を顕微鏡で調べてみましょう。花粉が均質にそろっていたら2倍体。大きさがバラバラで不ぞろいだったら倍数体（50P）です。

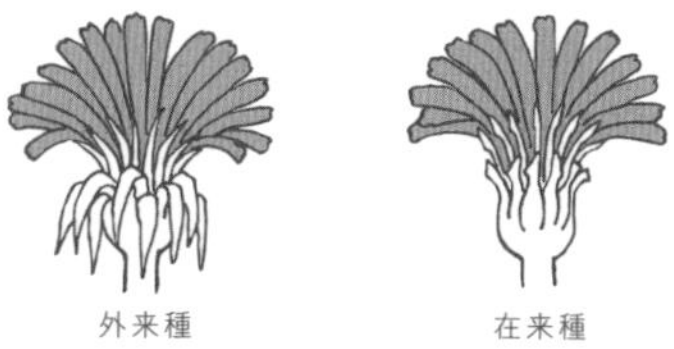

在来種と外来種の総苞外片のつき方の違い

日本で見られるタンポポの分類表

種類	花の色	総苞外片	在来か外来か	花粉の形	倍数性	分布図
カントウタンポポ	黄	直立	在来	均質	2倍体	関東・中部・北陸
カンサイタンポポ	黄	直立	在来	均質	2倍体	近畿・中国・四国・九州
シナノタンポポ	黄	直立	在来	均質	2倍体	北関東・長野県・山梨県
トウカイタンポポ	黄	直立	在来	均質	2倍体	東海
オキタンポポ	黄	直立	在来	均質	2倍体	島根県隠岐諸島
ユウバリタンポポ	黄	直立	在来	均質	2倍体	北海道（夕張岳）
エゾタンポポ	黄	直立	在来	不ぞろい	3,4,5倍体	北海道・東北・新潟
シコタンタンポポ	黄	直立	在来	不ぞろい	8倍体	北海道南東部
クモマタンポポ	黄	直立	在来	不ぞろい	4倍体	北海道（大雪山）
ミヤマタンポポ	黄	直立	在来	不ぞろい	3倍体	中部地方の高山
クシバタンポポ	黄	直立	在来	不ぞろい	4倍体	西日本
ヤマザトタンポポ	黄	直立	在来	不ぞろい	不明	西日本
ツクシタンポポ	黄	直立	在来	不ぞろい	4倍体	九州北部・四国
モウコタンポポ	黄	直立	在来	不ぞろい	3倍体	九州北部・中国地方
シロバナタンポポ	白	直立	在来	不ぞろい	5倍体	西日本
キビシロタンポポ	白	直立	在来	不ぞろい	4倍体	西日本
セイヨウタンポポ	黄	反り返る	外来	不ぞろい	3倍体	全国
アカミタンポポ	黄	反り返る	外来	不ぞろい	3倍体	全国

受粉してふえる在来タンポポ

在来タンポポの代表格

カントウタンポポ【関東蒲公英】

Taraxacum platycarpum Dahlst.

花の色ー黄

分　布ー関東、中部、北陸

生育地ー里山

花　期ー3～5月

倍　数ー2倍体

関東周辺を中心に、都市郊外や里山などに広く生育。総苞《そうほう》の外片の長さは、全体の2分の1。中程度の角状《かくじょう》突起がある。江戸時代には園芸化され、たくさんの品種があった。

ほっそり小ぶりなタンポポ

カンサイタンポポ【関西蒲公英】

Taraxacum japonicum Koidz.

花の色ー黄
分　布ー近畿、中国、四国、九州
生育地ー里山
花　期ー3〜5月
倍　数ー2倍体

関西地方に広く分布し、まれに四国、九州でも見られる。野原や里山に生育。総苞《そうほう》の外片の幅は狭く、長さは全体の2分の1以下。角状《かくじょう》突起は小さい。

頭花がほかの種と比較して小さく、小花の数は100以下。

花色に変異があるシナノタンポポ

膨らんだ総苞《そうほう》が特徴

シナノタンポポ【信濃蒲公英】

Taraxacum platycarpum Dahlst.subsp.hondoense (Nakai ex Koidz.) Morita

花の色ー黄
分　布ー北関東、長野県、山梨県
生育地ー山里、里山
花　期ー3〜5月
倍　数ー2倍体

北関東、中部地方を中心に分布する。総苞《そうほう》外片の長さは、全体の2分の1。外片は広い。角状《かくじょう》突起はほとんどない。総苞《そうほう》の形は、エゾタンポポ（32p）とよく似ている。頭花は大きい。

受粉してふえる在来タンポポ

写真／「日本たんぽぽラボ」安部祐史氏

鋭く尖った大きな突起

トウカイタンポポ【東海蒲公英】

Taraxacum platycarpum Dahlst.var.longeappendiculatum (Nakai) Morita

花の色ー黄
分　布ー東海中心
生育地ー平地
花　期ー3～5月
倍　数ー2倍体

東海地方を中心に分布。総苞《そうほう》外片の長さは、全体の2分の1以上。角状《かくじょう》突起が大きく、鋭く尖っているのが特徴。

写真／「日本たんぽぽラボ」安部祐史氏

島にだけ咲く固有種

オキタンポポ【隠岐蒲公英】

Taraxacum platycarpum Dahlst. subsp. maruyamanum (Kitam.) Morita.

花の色ー黄
分　布ー島根県隠岐諸島
生育地ー里山
花　期ー4～5月
倍　数ー2倍体

島根県・隠岐諸島に生育。総苞《そうほう》外片の長さは、全体の2分の1以上。角状《かくじょう》突起は小さい。小花の数は約120。隠岐諸島では普通に見られるが、固有種。約1万年前に離島となった隠岐では、固有の生物が生存している。

受粉してふえる在来タンポポ

写真／狩山俊悟氏

北の高山地帯に生きる

ユウバリタンポポ【夕張蒲公英】

Taraxacum yuparense H. Koidz.

花の色ー黄
分　布ー北海道（夕張岳）
生育地ー高山の蛇紋岩地
花　期ー6〜7月
倍　数ー2倍体

北海道・夕張岳の高山帯にある蛇紋岩《じゃもんがん》地周辺に生育。総苞《そうほう》は暗緑色で白い粉をふく。頭花は小さい。葉が深く切れ込むのが特徴。絶滅危惧種（環境省レッドリスト）。

※蛇紋岩……表面に蛇のような紋様がついた緑色の岩石。夕張岳は蛇紋岩からなり、特有の植物群をもつ「花の名山」として知られる

北日本の大地に咲き誇る

エゾタンポポ【蝦夷蒲公英】

Taraxacum venustum H.Koidz.

花の色ー黄
分　布ー北海道、東北、新潟
生育地ー里山、山里
花　期ー4～5月
倍　数ー3倍体、4倍体、5倍体

北海道から東北、新潟まで広く普通に見られる。
総苞《そうほう》外片は幅が広い。総苞《そうほう》の形は、シナノタンポポ（28p）に近い。
角状《かくじょう》突起は小さい、あるいはなし。
頭花は大きく、多くの変異型がある。

クローンでふえる在来タンポポ

写真／狩山俊悟氏

海岸に咲く希少な8倍体

シコタンタンポポ【色丹蒲公英】

Taraxacum shikotanense Kitam

花の色ー黄
分　布ー北海道南東部の海岸
生育地ー海岸の岩場、草地
花　期ー6～7月
倍　数ー8倍体

北海道南東部の海岸沿いに生息。世界的に珍しい8倍体。

総苞《そうほう》は暗緑色で表面に白い粉をふく。外片は、エゾタンポポに比べて幅が狭い。角状《かくじょう》突起は小さい。頭花は約5㎝と大柄。

絶滅危惧種（環境省レッドリスト）。

写真／狩山俊悟氏

大雪山系の高山タンポポ

クモマタンポポ【雲間蒲公英】

Taraxacum trigonolobum Dahlst.

花の色ー黄
分　布ー北海道の大雪山系
生育地ー高山帯のれき地
花　期ー7～8月
倍　数ー4倍体

北海道中央の大雪山系高山帯のれき地＝石まじりの土地に生育。総苞《そうほう》は暗緑色で表面に白い粉をふく。外片の長さは、全体の2分の1。角状《かくじょう》突起は小さいか、あるいはない。頭花は小さい。

絶滅危惧種（環境省レッドリスト）。

写真／狩山俊悟氏

中部地方の高山タンポポ

ミヤマタンポポ【深山蒲公英】

Taraxacum alpicola Kitam.

花の色ー黄
分　布ー中部地方の高山
生育地ー標高2000m以上の高山帯
花　期ー7〜8月
倍　数ー3倍体

北アルプス、南アルプス、八ヶ岳など本州中部の高山帯に生育。総苞《そうほう》は暗緑色で、表面に白い粉をふく。外片は幅が狭く、角状《かくじょう》突起は小さい。絶滅危惧種（環境省レッドリスト）。

クローンでふえる在来タンポポ

写真／「日本たんぽぽラボ」安部祐史氏

深く切れ込んだ葉が特徴

クシバタンポポ【櫛葉蒲公英】

Taraxacum pectinatum Kitam.

花の色ー黄
分　布ー西日本の中山間地域
生育地ー山里
花　期ー3～5月
倍　数ー4倍体

中国、四国、近畿の中山間地域に生育。総苞《そうほう》外片の角状《かくじょう》突起はないが、先端にこぶ状の突起がある。

葉は櫛の歯のように深く切れ込んでいる。

写真／「日本たんぽぽラボ」安部祐史氏

淡く黄色い山里の花

ヤマザトタンポポ【山里蒲公英】

Taraxacum arakii Kitam.

花の色ー黄
分　布ー西日本の中山間地域
生育地ー山里
花　期ー4～5月
倍　数ー不明

中国、近畿の中山間地域に生育。頭花の色は淡い。総苞《そうほう》外片の形はさまざまあり、写真のように角状《かくじょう》突起が目立つものをケンサキタンポポと呼ぶ。クシバタンポポ、キビシロタンポポと並んで生えていることが多く、同定に悩むことも。

※同定…生物の分類上の所属や種名を決定すること

写真／中沢妙子氏

開花に出会うのは難しい

ツクシタンポポ【筑紫蒲公英】

Taraxacum kiushianum H.Koidz.

花の色ー黄
分　布ー九州北部、四国
生育地ー山地の草地
花　期ー３～５月
倍　数ー４倍体

九州北部、四国の山地の草地に小さな生育地が点在。総苞《そうほう》外片の角状《かくじょう》突起は小さい。頭花は赤みを帯び、花茎も赤い。開花時間が短く、出会うのが難しい。希少種で絶滅危惧種（環境省レッドリスト）。

写真／狩山俊悟氏

古代に渡来したタンポポ？

モウコタンポポ【蒙古蒲公英】

Taraxacum mongolicum Hand.-Mazz.

花の色ー黄
分　布ー九州北部、中国地方の一部
生育地ー平地、市街地
花　期ー2～5月
倍　数ー3倍体

九州北部、中国地方のごく一部に存在する。頭花は小さい。総苞《そうほう》外片は細く、非常に長い。角状《かくじょう》突起は鋭く尖るものが多い。類似種は中国大陸の東北部、朝鮮半島で普通に見られる。古代の帰化種という説もある。

クローンでふえる白いタンポポ

西日本ではタンポポは白

シロバナタンポポ【白花蒲公英】

Taraxacum albidum Dahlst.

花の色ー白
分　布ー九州北部、中国、四国を中心とした西日本
生育地ー里山、市街地
花　期ー3〜5月
倍　数ー5倍体

西日本の平地に広域分布する。東海や関東にも点在し、人が持ち込んだ可能性もある。総苞《そうほう》外片の角状《かくじょう》突起は中程度。繊毛《せんもう》（細かい毛）はない。西日本ではタンポポの色を尋ねられると、「白」と答える人が多い。

クローンでふえる白いタンポポ

西日本に咲く薄黄色の花

キビシロタンポポ【吉備白蒲公英】

Taraxacum hideoi Nakai ex H.Koidz.

花の色－白または薄黄
分　布－西日本
生育地－山里
花　期－4～5月
倍　数－4倍体

中国・四国を中心に西日本の中山間地域に点々と分布する。頭花は白または薄黄。総苞《そうほう》外片は縁に繊毛を生じ、角状《かくじょう》突起は小さい。東北地方にも類似種があり、別種としてオクウスギタンポポとする説も。

ヨーロッパ原産の帰化植物

セイヨウタンポポ【西洋蒲公英】

Dandelion
Taraxacum officinale Weber ex F.H.Wigg.

花の色ー黄
分　布ー日本全土
生育地ー市街地
花　期ー3～10月
倍　数ー3倍体

明治時代に日本に入り、またたく間に全国に広がった。空き地や野原、山地、いたるところで生育。総苞《そうほう》の外片は、下に向かって強く反り返るのが特徴。条件がよければ、一年中花をつける。果実（痩果《そうか》）は茶色、あるいは淡い褐色。

クローンでふえる外来タンポポ

名前のままに実が赤い

アカミタンポポ【赤実蒲公英】

Red-seed dandelion

Taraxacum laevigatum DC.

花の色ー黄
分　布ー日本全土
生育地ー市街地
花　期ー3〜10月
倍　数ー3倍体

花や総苞《そうほう》の姿も、分布・生育地もセイヨウタンポポと似ているが、やや小さい。果実（痩果《そうか》）の色は、名前の通りに赤みを帯びている。

タンポポによく似ている植物

【ノゲシ】

【ブタナ】

【イワニガナ(ジシバリ)】

【オニタビラコ】

タンポポと似た植物との見分け方

キク科の植物には、タンポポによく似た花をつけるものがあります。写真の4種は、いずれもタンポポの近縁種で、頭花がすべて舌状花《ぜつじょうか》（66ｐ）であることが、タンポポと共通しています。でも、タンポポだけの特徴を知っておけば、タンポポかどうかを見分けるのは、そう難しくありません。

タンポポの特徴は、

①　花茎は枝分かれせず、1本の花茎には1個の花だけがつく

②　葉はすべてロゼットになり、花茎にはつかない

ことです。

ブタナは、葉はロゼットだけで、タンポポモドキという別名を持つほど似ていますが、花茎が枝分かれして、複数の頭花をつけるので区別できます。オニタビラコとノゲシは、冬越しの姿はロゼットですが、春になると茎が高く直立、枝分かれして多くの頭花や葉をつけます。イワニガナ（ジシバリ）は、地上茎が地面を這い、そこから葉と花茎をだします。花茎は枝分かれし、3個程度の頭花をつけます。

「タンポポ」の名前は鼓《つづみ》から

・学名は「苦い草」、英語名は「ライオンの歯」

タンポポ属の学名「タラクサクム」(Taraxacum)は、「苦い草」を意味するアラビア語から、英語名の「ダンデライオン」(dandelion)は、フランス語の「ダンドリオン」(dent de lion)からきました。「ライオンの歯」という意味です。葉の形がライオンの歯を思わせるためです。

現在のフランスではピサンリ(pissenlit)と呼ばれます。「ベッドの上のおしっこ=寝小便」という意味です。タンポポに利尿作用があるので、ついた名でしょう。

また、中国名の「蒲公英」(ほこうえい)は、現代でも、「たんぽぽ」と読ませて俳句の世界などではよく使われています。

Column 1

・鼓の音から生まれたという説が有力

名前の由来については諸説あります。そのなかで、民俗学者の柳田國男が唱えた、タンポポの形が打楽器の鼓に似ているので、その音から生まれたという説が有力です。つまり、「タン」が鼓を打つ音で、「ポポ」はその余韻というわけです。

鼓に形が似ているにも2説あり、1つはタンポポの花を上から見た形が似ているというもの。もう1つは、「タンポポ水車」という子どもの遊び。タンポポの花茎を切り取り、両端に裂け目を入れて水の流れに置くと、水車のように回転します。その形が鼓のようだというもの。

柳田國男は、命名者は子どもたちだと主張しています。確かに、こんなに自由奇抜な名前をつけられるのは、子供たちしかいないとうなずけます。

illustration : Rin

江戸のタンポポ園芸ブーム

江戸時代の末期に、江戸ではタンポポ園芸の一大ブームが起きました。
カントウタンポポを品種改良して、さまざまな変わり種が生み出されました。

「紅花」

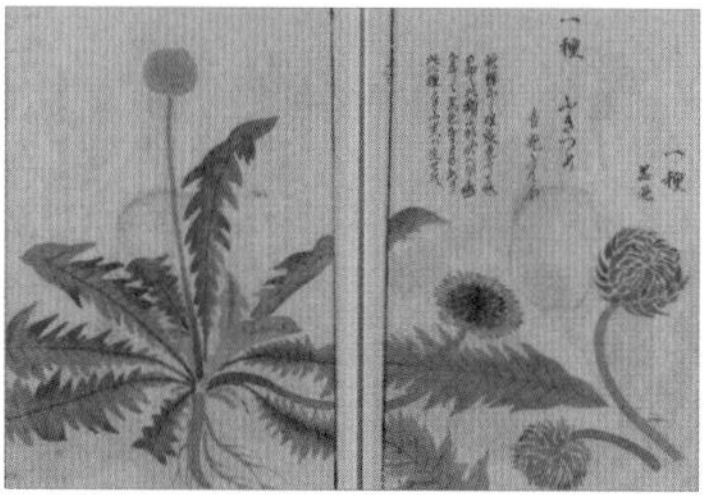

「黒花」（右）と「青花」

「本草図譜」より
岩崎灌園（いわさき　かんえん）著
1828年（国立国会図書館蔵）

岩崎灌園《いわさきかんえん》が1828年（文政11年）に刊行した「本草図譜《ほんぞうずふ》」のデジタルコンテンツが国立国会図書館によって公開されています。それによると、「紅花」や「白花」、花びらが筒状になったもの、「花大なるもの」などが絵入りで紹介されています。頭花が黒い塊りになり、「黒花」や「青花」と呼ばれたものもありました。

美しさよりも珍奇さへの志向が強かったようで、葉は斑《ふ》入りが特に好まれました。ブームの担い手は、旗本などの武家や富裕な町人たち。自慢の品を鉢植えにして持ち寄り、ランク付けした「番付」をつくりました。特に珍しいものは、目の玉が飛び出るほどの値段で売買されたようです。

タンポポ園芸熱は明治時代まで続きましたが、やがて姿を消します。珍しい園芸植物が外国から次々に入ってくるうえ、カントウタンポポはほかの個体との受粉が必要なので、ふやすのが難しいことが、衰退の原因だったようです。

2倍体と倍数体

生物の細胞は通常、遺伝子の集まりである染色体を2組持っています。生殖のときには減数分裂が行なわれ、1組の染色体だけの生殖細胞＝精子と卵がつくられます。精子と卵が結合して受精卵ができると、染色体数は再び2組に戻り、新しい個体に成長していきます。こうした生殖の仕方を有性生殖といいます。2組の染色体を持ち、有性生殖する種類（カントウタンポポ、カンサイタンポポなど）を2倍体と呼びます。

1組の染色体数を基本数といい、生物によって異なります。タンポポは8なので、2倍体の染色体数は8×2＝16。ちなみにヒトの基本数は23で、染色体数は23×2＝46です。

一方、基本数の3倍の3倍体（セイヨウタンポポ、エゾタンポポなど。染色体数24）、基本数の4倍の4倍体（キビシロタンポポなど。染色体数32）、5倍体（シロバナタンポポ。染色体数40）など、3倍体以上を倍数体と呼びます。シコタンタンポポはなんと8倍体（染色体数64）です。倍数体では減数分裂が正常に行なわれないので、花粉の染色体数は不ぞろいになり、受精ができません。そこで雌しべは受粉なしに、クローンの種子を複製します。倍数体はすべてクローン生殖でふえます。

倍数体タンポポのこのように特異な生殖方法は、一般の無性生殖と区別して無融合生殖と呼ばれます。無性生殖の一種には違いないが、花という生殖器官を通して行なわれるためです。

・2倍体の花粉は均質、倍数体はバラバラ

タンポポが2倍体なのか倍数体なのかは、顕微鏡で花粉を見るとわかります。2倍体の花粉は均質で粒がそろっています。倍数体の花粉の大きさはバラバラで、容易に判別できます。

・Secret 2・

タンポポの一年
（在来タンポポの場合）

春になりました。

地面に張りついて冬を越してきたロゼット※の
真ん中に、小さなつぼみが膨らんできました。

※ バラの花の形をした葉の集まり

つぼみを載せた花茎が伸びてゆき、
背は低いですが、最初の花が咲きます。

日差しが暖かくなるにつれ、花の数はふえ、
より背が高くなっていきます。
蜜や花粉を求めて虫がやってきます。

花は夕方になると閉じ、
朝になると開くことを繰り返しながら、
大きくなっていきます。
雨の日は閉じたままです。

花が咲き終わると、花茎はS字状に曲がりながら、
あおむけに倒れていきます。
安全に種子を成熟させるためです。

2週間ほどで種子が熟すると、花茎は再び起き上がり、
ずんずんと高く伸びていきます。
そうして種子を包んでいた総苞《そうほう》がそり返り、
まん丸の綿毛帽子を完成させます。
綿毛は風に乗って新しい場所に飛び立ちます。

夏になり、綿毛はすっかり旅立ちました。

周りの植物が成長して日光をさえぎるようになると、
タンポポは地上部の葉を落として、しばらく眠りにつきます。

秋が深まり、周りの植物の多くは枯れて、
また光が射すようになりました。

すると、地中に残っていた短い茎から新しい葉が出てきます。
地面に落ちて眠っていた種子も発芽し、
葉をふやしていきます。

こうして親のタンポポも子のタンポポも
新しいロゼットをつくり、
盛んに光合成を行ないながら、冬を乗り越えていくのです。

※セイヨウタンポポは夏になっても休眠せず、
次々と花を咲かせ続けます。種子も地面に落ちるとすぐに発芽します。
こうした生活サイクルが、タンポポの一生の間に何回繰り返されるのか
（つまりタンポポの寿命は何年か）は、残念ながら、
まだ詳しい調査がされていません。

・Secret 3・

花の秘密

Q
UESTION 1

タンポポの花は、小さな花の集まりなの？

A
nswer

その通りです。タンポポの花びらのように見えるものは、実はそれぞれが独立した小さな花なのです。小さいので、小花《しょうか》といいます。

● **タンポポの花弁《かべん》は5枚だった**

タンポポの小花を慎重に取り出して、ルーペで拡大して観察してみましょう。まず、花弁の先端をよく見てください。ギザギザになっていて、5つの山形が並んでいるのが見えるでしょう。そこから下は、5枚の薄板を横に張り合わせたような構造が続きます。最後は筒状に合わさって小花の中心にある雌しべを抱え込んでいます。

この観察からタンポポの花弁は、本来5枚だったものが、1つに合わさっていることがわかります。

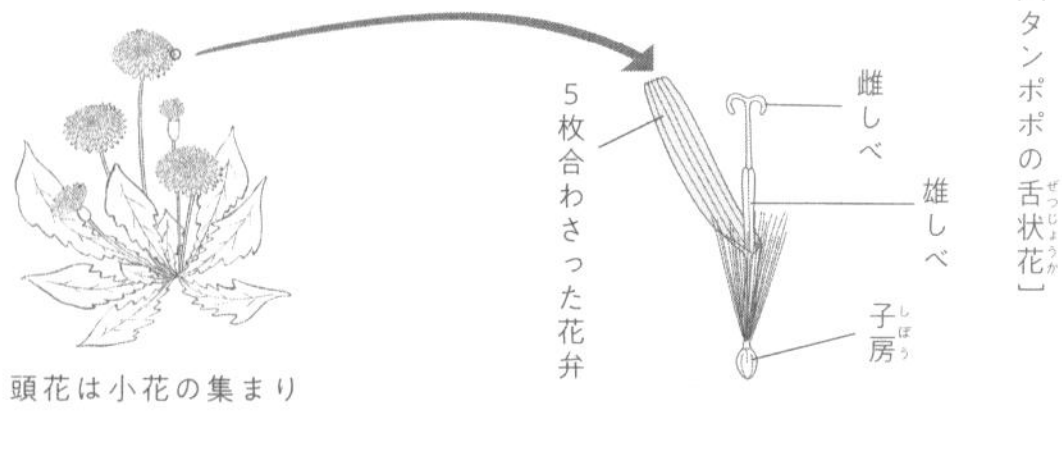

●合弁花《ごうべんか》と離弁花《りべんか》

このように何枚かの花弁が1つに合わさった花を、合弁花といいます。逆に、花弁が分離している花が、離弁花です。アサガオやツツジも合弁花、ウメやサクラは離弁花です。

●舌状花《ぜつじょうか》と筒状花《とうじょうか》

合弁花の中でも、1枚の舌のような形になっているものを、特に舌状花と呼びます。タンポポはもちろん舌状花ですね。

キク科の小花には、もう1つの形があります。ヒマワリの花では、周りを大きな舌状花が囲んでいますが、中心部には、先端が5つに切れ込んだ王冠のような形の小花がぎっしりと並んでいます。こちらは筒状花といいます。

舌状花と筒状花を持つのがキク科の特色です。けれどタンポポ属の場合は、すべての小花が舌状花になっています。

●タンポポの頭花《とうか》は小花の集まり

「タンポポの花」という表現では、小花を指すのか、小花の集まりを指すのか区別ができません。そこで区別が必要なときは、小花の集まりの方は頭花と呼ぶことにします。

植物学では花の集まりを花序《かじょ》といい、円く集まって1つの花のように見えるものを頭状花序《とうじょうかじょ》と呼びます。略して頭花となります。

Q
UESTION 2

小花《しょうか》にも雌しべと雄しべはあるの？

A
nswer

もちろんあります。だって、独立した花なんですから。

●雌しべも雄しべも形は独特

小花の中心にある、長い棒のような器官が雌しべです。最下部の白い卵型の粒は子房《しぼう》で、後に実になります。多くの花では、子房は花びらの上につきますが、タンポポでは、花びらの下についています。

また、花粉を受けるための柱頭《ちゅうとう》は、普通の花と違って丸く膨らまず、細長く伸びて先端部が2つに分かれています。

雌しべをよく見ると、途中に長い腹巻のようなものが巻きついています。これが雄しべです。

雄しべは、花粉を出す葯《やく》と、葯を支える花糸《かし》と呼ばれる細い柄から成ります。タンポポでは雄しべの形も独特で、普通の花のように独立していず、5個の葯が結合して、1本の筒になっています。

●雌しべは雄しべを貫通する

雌しべの柱頭は、小花が開いたばかりのときには、まだ外からは見えません。受粉が近づくと、柱頭は急成長しはじめ、雄しべの筒を貫通して、花粉を引きずり出しながらどんどん伸びていきます。その結果として、雄しべの葯《やく》は、柱頭に張りついた帯のように見えるのです。持ち上げられた葯《やく》からは、ちぎれた花糸が垂れ下がっています。その数が5本なので、雄しべの数は花弁の数と一致することがわかります。

[花のつくりの比較]

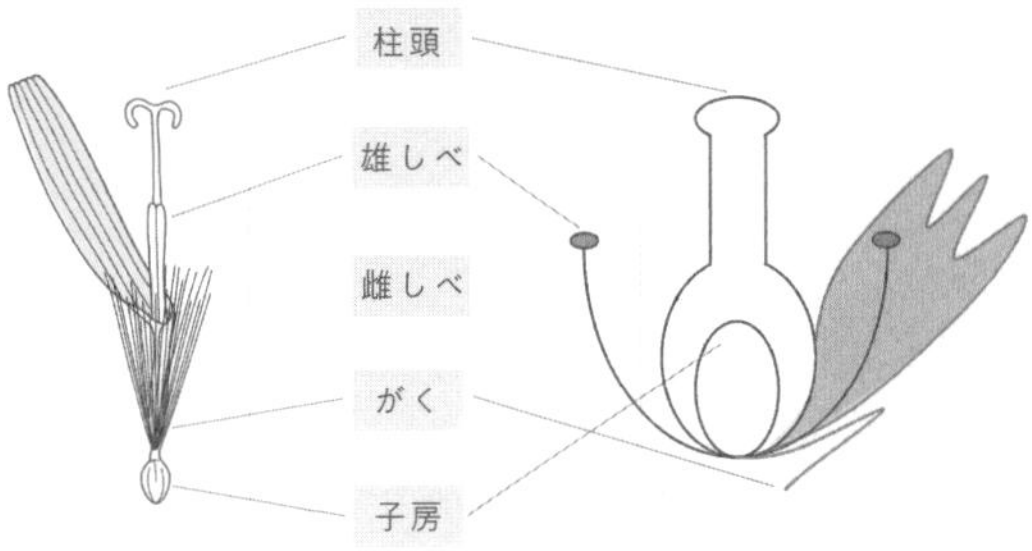

[タンポポの小花]　[バラ科の花]

QUESTION 5

タンポポの小花《しょうか》は何個あるの？

Answer

種類や環境によって異なりますが、ふつうは100～200個ぐらい。3日間ほど咲き続けます。

●セイヨウタンポポでは300個にも

小花の数は、別に決まりがあるわけではありません。種類によって差があり、ふつうは100～200個ぐらい。一番多いセイヨウタンポポでは300個に達することもあります。在来タンポポでは50～200個。エゾタンポポは多め、カンサイタンポポは少なめです。

花をつけるには、十分な栄養が必要なので、小花の数には種類の違いよりも生育条件の方が大きく影響します。ただし、条件が悪い所で育った小さな頭花でも、小花の数が50個を下回ることはめったにありません。

うんざりするかもしれませんが、「好き」「嫌い」と花占いでもしながら、一度ご自分で数えてみてはいかがでしょう。

●外側の小花から順に開く

小花は外側から順に、同心円状に開いていきます。そして、在来タンポポでは3～5日、セイヨウタンポポではもう少し早く、2～3日で全部開ききります。

開花の途中では、中心部の小花はまだ開かずに立っているため、筒状花《とうじょうか》に見えるかもしれません。

開きはじめた頭花

開ききった頭花

Q
UESTION 4

タンポポの花は朝開いて夕に閉じるの？

A
nswer

その通りです。そして、雨の日は閉じたままです。

●「牧童の時計」と呼ばれたことも

タンポポの頭花《とうか》は小花《しょうか》が開ききるまでの3～4日間、朝夕に開閉を繰り返します。セイヨウタンポポの場合は、日の出から30分ぐらいで頭花を開き、日没とほぼ同時に閉じます。在来タンポポはもう少し寝坊で、開花は日の出の約1時間後。逆に閉花は早く、午後3時から5時ぐらいには閉じてしまいます。

タンポポの群が夕にいっせいに閉じる様子は、時計がなかった時代のヨーロッパの羊飼いには、帰り時間を知らせる合図になったのでしょう。「牧童の時計」や「妖精の時計」という呼び名が残っています。

雨の日は、頭花は開かず、閉じたままです。

●夜閉じるのは虫が来ないから？

タンポポのように開閉を繰り返す植物は、そう多くはありません。アサガオの花は朝開いて、昼にはおしまい。サクラやウメの花は、散るまでの間、夜もずっと開いています。

タンポポがなぜ夜は閉じるのか？　理由ははっきりわかりません。花に寄ってくる昆虫が活動するのは日中なので、夜開いていても無駄になる、夜中に雨が降っても慌てなくて済む、などと推測するしかありません。

●頭花は開閉を繰り返して大きくなる

頭花が開くときは、小花の内側の細胞が水を吸って急速に成長します。すると、小花は外側に曲がります。

閉じるときは、今度は外側の細胞が急成長して、内側に曲がります。開閉を3、4回繰り返すことで、小花は成長します。もちろん頭花もみるみる大きくなるのです。

開閉を促す要因は、以前は光だとされていました。現在では、温度や経過時間も絡んだ、複雑なシステムだと考えられています。

雨の日のタンポポ

QUESTION 5

タンポポも蜜は出るの？

Answer

もちろん出ます。タンポポは自家受粉ができないので、昆虫に助けてもらう必要があるからです。

●タンポポ蜂蜜は外国では人気

タンポポの蜜腺は、小花の下部の花筒《かとう》と呼ばれる筒の底にあります。そこから分泌される蜜は、花筒の中にたまっています。タンポポのハチミツは少し黒っぽく、独特の匂いがしますが、外国では人気があります。

●自家不和合性

タンポポは自家受粉ができない、つまり自分の花粉とは受精して実をつくることができません。これを自家不和合性といいます。

受粉するには他の花の花粉が必要で、昆虫に運んできてもらわねばなりません。頭花が大きく目立つのも、蜜を出すのも、ミツバチやチョウを引き寄せるためです。

受粉なしにクローンでふえるタンポポも、必要はないはずなのに、ちゃんと蜜を出し、昆虫を引き寄せます。

蜜を集めにきたハチの仲間

QUESTION 6

花の外側にある緑のウロコは萼《がく》なの？

Answer

そうだと言いたいところですが、萼《がく》ではありません。花の集まりにつくので、総苞《そうほう》と呼びます。

● 複数の花を束ねて保護する

雰囲気は萼《がく》に確かに似ています。しかし、萼は1つの花の下につきます。だから、タンポポの頭花のように花の集まりにつく場合は、区別して総苞《そうほう》と呼ばれます。総苞は葉が変形してできたもので、花の集まりが崩れないように、外側から締めつけるのが役割です。

タンポポの総苞は、内側の内片と外側の外片の2層構造になっています。内片は下部で1つに合わさって筒状になり、頭花を横と下から保護しています。ウロコのような形をした外片は、1枚ずつバラバラに取り外せます。

［タンポポの総苞《そうほう》］

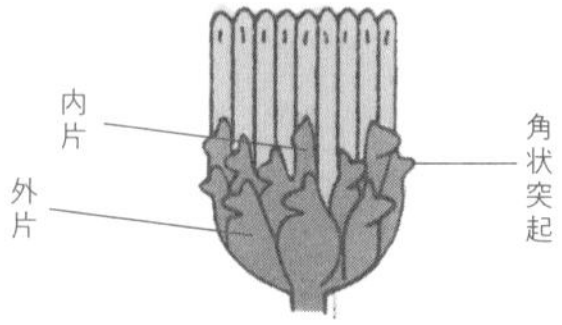

●タンポポの種類を見分けるのに役立つ

タンポポ自身にとってはあまり関係ない話でしょうが、タンポポ研究者の間では総苞がまっさきに注目されます。総苞の形の違いが、種類を判別する手がかりになるためです。

一番有名なのは、総苞外片のつき方の違いによる、在来種と外来種の見分け方です。外片が真っ直ぐ立っていれば在来種、反り返っていれば外来種というわけです。

外片の長さや幅、外片についている角状突起《かくじょう》の大小や有無などは、在来種を分別するのに役立ちます。

何の種類のタンポポか気になったら、まず「横から総苞《そうほう》の形を見ろ」ということですね。

●蕚は後に冠毛《かんもう》になる

それでは、小花に蕚はないのかというと、蕚はちゃんとあります。雌しべをよく見ると、子房《しぼう》の少し上から数十本の細い毛が突き出しています。これが蕚で、後に冠毛（98p）になるのです。

タンポポの花言葉と花占い

●タンポポの花言葉は「真実の愛」「愛の神託」「神のお告げ」「思わせぶり」

英語の花言葉は「love's oracle（愛の神託）」「oracle（神託）」「faithfulness（誠実）」「happiness（幸福）」です。

「愛の神託」「神託」の花言葉は、古くからヨーロッパでは、タンポポの綿毛で恋占いをしていたことに由来します。

それは、「好き、嫌い、好き……」と交互に唱えながら綿毛を吹き、思い人の愛情の深さを占うというもの。

一息ですべての綿毛を飛ばすことができれば「情熱的に愛されている」ことになります。いくつか残れば「多少の不誠実」、たくさん残れば「無関心」を示すのだそうな。「思わせぶり」の花言葉も、うなずけます。

ちなみに綿毛の花言葉は「別離」です。

・Secret 4・

葉・茎・根の秘密

Q
UESTION 1

タンポポの「ロゼット」ってどういう意味？

A
nswer

ロゼットは、「バラ模様の」を意味するフランス語に由来します。タンポポが地面に放射状に葉を広げている姿を見てください。バラの花によく似ているでしょう。こういう姿を植物学ではロゼットと呼びます。

●一生をロゼットで過ごす

ロゼットをつくる植物は、ナズナ、ヒメジョオン、ハルジョオン、ノゲシなどたくさんあります。けれどもほとんどは冬を越すときだけで、春になれば茎を直立させ、葉を広げ花を咲かせます。これに対しタンポポは、一生をロゼットで過ごすのが特色です。

タンポポのロゼットは、とても規則的につくられています。次の葉との間隔は130度で、反時計回りでらせん状に開いていき、上にいくほど小さくなります。そのため葉の重なりは少なくなり、どの葉も十分日光を浴びることができます。

ロゼットの利点は、冬の雪や風に強いこと。地表は太陽の光で温められやすく、春になるとすぐ光合成をはじめられることです。弱点は、背が低いこと。周りの草が生い茂ると、光をさえぎられてしまいます。

バラの花に似ているロゼット

Q
UESTION 2

タンポポの茎は枝分かれしないの？

A
nswer

枝分かれしないし、葉もつけません。1個の花を支えるためだけにあるので、普通の茎とは区別して、「花茎《かけい》」と呼びます。

●1本の花茎に1個の花

花茎も茎の一種であるには違いません。茎は普通、植物の体を支えること、根から吸収した水分と葉がつくりだした養分の通り道になること、という2つの役割を担っています。ところが、タンポポの花茎の役割は、1個の頭花を支えることだけです。枝分かれしないし、葉をつけることもありません。

1本の花茎に1個の頭花

QUESTION 5

タンポポの花茎は、花が咲き終わると倒れるって、本当？

Answer

花が咲き終わると、直立していた花茎は地面に倒れます。でも、死んでしまったわけではなく、実が熟すると、再び起き上がり、どんどん高く伸びていきます。

● 咲き終わると、翌日には倒れる

花茎は頭花が咲き終わると、後ろに倒れます。この花茎の動きを「倒伏《とうふく》」といいます。咲き終えた翌日にはもう、順々に行儀よく並んで倒れています。倒れている花茎を横から見ると、先の方はほとんど地面に着いていますが、そこから少し上に曲がり、頭花を直立させています。

倒伏している間に、実は成熟し、綿毛がつくられます。倒伏は、それを風などから保護するために行なわれると考えられます。

●倒伏する期間は6～10日

倒れている期間は、カントウタンポポやカンサイタンポポでは約10日、セイヨウタンポポは短く約6日。気温によっても変化します。立ち上がるときは、数日かかります。

実が熟して、起き上がろうとする花茎

QUESTION 4

花茎はどうしてストローのように中空になるの？

Answer

いろいろな場面で急成長する必要があるためです。

急成長が必要なのは、蕾《つぼみ》を持ち上げるとき、花が咲き終わって倒れたり起きたりするとき、綿帽子をつくるために再び勢いよく立ち上がるときです。

急成長するためには、細胞の数をふやしている時間はありません。細胞が水分を吸収してどんどん大きくなるのです。その結果として花茎は、ストローのようになります。

花茎が倒れるときや起き上がるときには、片側の細胞が、水を吸収して急成長します。膨れ上がった細胞の圧力が、逆側の細胞を圧《お》しつけるため、花茎は曲がります。直立して立ち上がるときには、すべての細胞が大きくなります。

●タンポポの花茎で「タンポポ水車」がつくれます

中空の花茎を利用した子どもの遊びに「タンポポ水車」があります。花茎を10㎝ぐらい切り取り、両端に数本の切れ目を入れて、外側に反り返らせます。それに細い棒を通して水の流れに浮かべると、水車のように回転します。

親指と人差し指で棒をつまんで息を吹きかけると、風車にもなります。

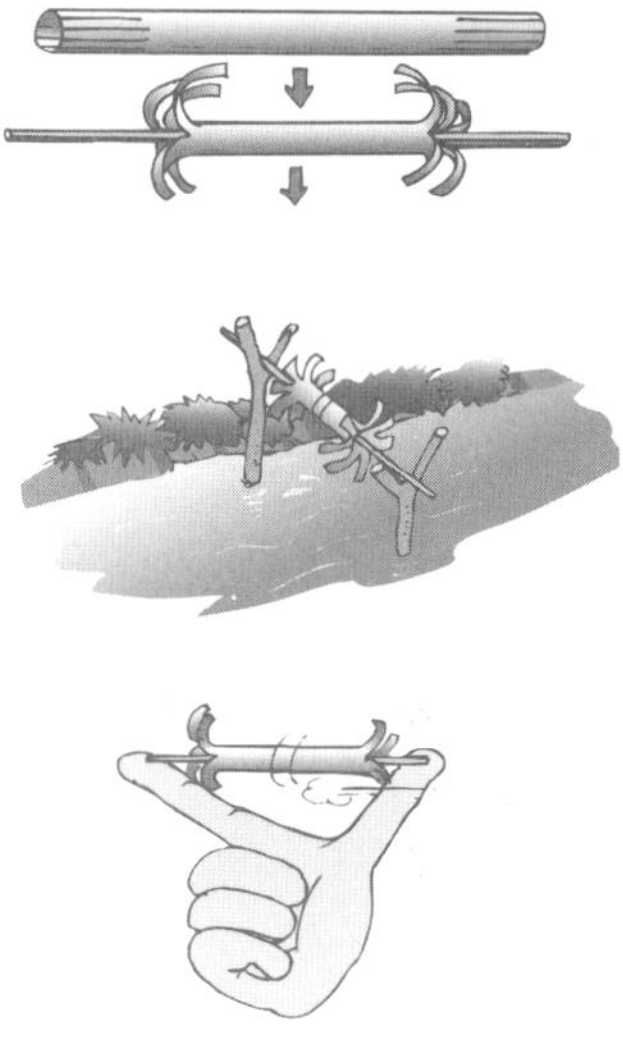

タンポポの花茎の遊び方

Q
UESTION 5

タンポポにも普通の茎はあるの？

A
nswer

ありますが、地面を少し掘ると、それらしいものが見つかります。

●茎の高さはわずか1cm

タンポポも草である以上、茎はあります。タンポポの葉と花茎はすべて、根元に隠れている太い1本の茎から出ます。

ロゼットの中心の葉のついた部分の下は、枯れた葉の残骸で覆われています。それを取りのぞくと、葉の落ち跡が横縞になっています。少し掘り下げると横縞はなくなり、根に続きます。横縞がある部分が茎で、高さはわずか1cmぐらいです。

●花茎と葉は茎の側面から出る

花茎は葉と同様に、茎の頂部からではなく、側面から出ます。そのため、一度横に少し伸びてから、彎曲《わんきょく》して直立します。

ロゼットの裏側から見た茎の切断面

Q
UESTION 6

タンポポの根はどれくらい長いの?

A
nswer

1mを超すこともあるので、掘り取るのは大変です。

●タンポポの主根《しゅこん》は太くて長い

土中の水分と土に含まれている養分を吸収するのが、根の役割です。

草の根の形状には、1本の太くて長い主根を持ち、その脇から細い側根が出るものと、全部の根が細いひげ根になっているものとがあります。タンポポは前者のタイプです。

●主根が残っていれば再生する

タンポポの主根は非常に長く、1mを超えることもあります。栄養を蓄える役割もあり、地上部だけを刈り取っても、やがてまた再生します。

タンポポコーヒーをつくろうとして、根を採取しにいったけれど、あまりに長いので、掘るのをあきらめたという人もいます。

タンポポの主根を炒って粉にしたタンポポコーヒー

「タンポポ」の名前は室町時代についた？

● 初出は１４７４年の用字集

「タンポポ」という愉快で記憶に残る名前が、いつ頃から使われだしたのかは、はっきりしません。

古代には「フヂナ」「タナ」などと呼ばれていました。「ナ＝菜」は食用となる草を指すので、存在が知られていたことは確かです。

しかし、多くの野の草が詠われている万葉集にも、古今集・新古今集などにも、「タンポポ」はもちろん、「フヂナ」「タナ」も全く登場しません。「枕草子」などの古典文学でも同様です。和歌に詠むほどの美的価値は、まだ認められていなかったのかもしれません。

「タンポポ」の名が初めて文献に現れるのは、室町時代の文明６年（１４７４年）に編まれた用字集「節用《せつよう》集」。「蒲公英」に「タンホホ」と読みが振られています。

織田信長

●貴族の日記に登場した「南蛮のたんぽぽ」

次いで100年あまり後、織田信長と京都政界との連絡役を務めていた公家の山科《やましな》言継《ときつぐ》の日記に、不思議な記述が登場します。天正4年（1578年）3月7日の条で、「南蛮のたんぽぽ」を贈られたというのです。

●「南蛮のたんぽぽ」とはいったい何か？

南蛮から渡来したタンポポに似た花となると、ガーベラやコスモスの可能性もあります。ヒマワリは少し時代が早いでしょう。いずれにせよ、京都の貴族がすでに、「タンポポ」という名前を知っていたことは推定できます。

●ポルトガル語辞書にも記載

そしてイエズス会の宣教師が関ヶ原の戦いの年の1603年に長崎で刊行した「日葡辞書」（日本語・ポルトガル語辞書）にも、「Tanpopo」が他の13種の有用植物とともに掲載されます。「タンポポ」という名前は室町時代に使われはじめたと言えるでしょう。そして江戸時代に入ると、名前は急速に普及し、それとともにタンポポは、一躍人気の花となるのです。

・Secret 5・

綿毛の秘密

QUESTION 1

綿毛は「種子」なの？「実」なの？

Answer

タンポポの場合はほとんど同じことなので、どちらで呼んでもかまわないと思います。

ただ、厳密にいえば、冠毛《かんもう》の下についている粒は、子房の皮の内側に1個の種子がぴたりと張りついて入っているので、実です。果肉はありません。
植物学ではこのような形の実を、「痩果《そうか》」と呼びます。

●皮と1個の種子だけでできた実

植物の実は、雌しべの子房が成長したものです。リンゴの実を思い浮かべてください。皮の中に果肉がつまっていて、中心部に芯があり、芯の中にいくつかの種子が並んでいますね。
ところが、タンポポでは、皮と1個の種子だけなので、実と呼んだらよいのか、種子と呼ぶべきか、迷ってしまうのです。

［タンポポの綿毛］

Q
UESTION 2

タンポポの花はいつ綿毛になるの？

A
nswer

花茎が倒れている間に、それぞれの小花《しょうか》は綿毛に変わります。

●萼《がく》が変形して冠毛《かんもう》になる

綿毛を拡大して、よく見てください。冠毛から長い柄＝冠毛柄《へい》が下がり、その先に実がついています。

倒伏《とうふく》中に子房《しぼう》は成熟して実になります。子房の少し上から出ていた、細い毛状の萼は、成長して冠毛に変わります。子房と萼にはさまれた短い花柱も伸長して、冠毛柄ができあがります。

花弁や柱頭など冠毛より上の部分は、しおれて取れてしまいます。綿毛の完成です。

花茎が立ち上がる頃、総苞《そうほう》の中の小花は全部、綿毛に変わっています。

倒伏中の頭花。小花はすっかり綿毛に変わっている

Q
UESTION 3

綿毛帽子はどうやってできるの？

A
nswer

綿毛が完全に熟すると、綿毛の束を包んでいた総苞《そうほう》の底が盛り上がり、最後はボール状に完全に裏返ります。こうして綿毛に包まれた綿毛帽子が完成します。

●綿毛帽子づくりは日中に

綿毛帽子づくりは、昼間行なわれます。ごく短い時間でできあがりますので、運がよければ、帽子がつくられる瞬間を観察することができそうです。

そして、よい風が吹けば、綿毛は次々に旅立ってゆきます。

綿毛がすっかり取れた後の帽子は、まるでゴルフボールのようです。表面には、綿毛がついていた跡の小さな穴がびっしりと並んでいます。

綿毛帽子になる直前の頭花と綿毛帽子（右）

QUESTION 4

タンポポのほかにも綿毛をつくる花はあるの？

Answer

綿毛をつくる植物はたくさんあります。外出したときに注意して見てください。大小の綿毛が空中に漂っているのに気づくでしょう。

タンポポによく似たブタナ、ノゲシ、イワニガナ（ジシバリ）をはじめ、アザミ、ハルジョオン、ツワブキなど、キク科には綿毛をつくる花がたくさんあります。

形や大きさはさまざまで、ツワブキの綿毛には冠毛柄《へい》がなく、冠毛が痩果《そうか》に直接ついています。タンポポの綿毛の姿が、すっきりして一番美しいような気がします。

キク科だけではありません。ガマの綿毛は柔らかいので、古代には綿の代わりに使われていました。古事記の「因幡《いなば》の白兎」にも登場します。

壮観なのはヤナギの仲間の綿毛。柳絮《りゅうじょ》と呼ばれ、五月の北京やソウルでは、街じゅうに雪のように舞う姿が見られます。

風を利用して種子を散らす方法を、風散布《かぜさんぷ》といいます。冠毛はそのための装置です。ただ、ウチワサボテン（サボテン科）の冠毛は鋭いトゲに変わり、果実を守る武器になっています。

綿毛ではありませんが、プロペラ形のカエデやマツの実も、風散布です。

雪のように降りそそぐヤナギの綿毛。
柳絮（りゅうじょ）と呼ばれる

Q UESTION 5

綿毛はどれくらい遠くへ飛ぶの？

A nswer

風の速度によって全然違います。
上昇気流があればうんと遠くへ飛ばされます。

●上昇気流に乗れば1㎞も超えそう

タンポポの綿毛は、多くの毛が集まってパラシュート状になっているため、気流に乱されることなく、安定して漂います。ひっくり返ったりせず、実の部分から着地できた方が、発芽する確率が高まります。

どこまで飛べるかは風次第。風がない状態ではあまり遠くへ飛びませんが、群をつくって暮らす在来2倍体タンポポには、その方が好都合かもしれません。

しかし、強い風が連続して吹いたり、上昇気流に乗って空高く吹き上げられたりすれば、飛行距離は飛躍的に長くなります。

おそらく1㎞を超えるケースも、まれではないと思われます。

どこまで飛んでいくのかな？

Q
UESTION 6

種子は、地面に落ちるとすぐ芽が出るの？

A
nswer

セイヨウタンポポの種子は地面に着くと、すぐに発芽します。在来タンポポの種子は夏の間は休眠し、秋になって高い草が枯れた頃に芽を出します。

在来タンポポの種子が秋に備えて休眠している間、花が咲き終わった親のタンポポも葉を落とし、地上部を枯らして休眠しています。セイヨウタンポポは休眠しません。暑い夏の盛りにタンポポのロゼットを見つけたら、セイヨウタンポポだと思ってよいでしょう。

タンポポの種子は、発芽すると次第に葉をふやし、ロゼットをつくって冬を越します。でも、翌春には花をつけるかというと、そう簡単にはいきません。

在来タンポポが花をつけるには、十分な栄養を蓄える必要があります。そのため花を咲かせるのに数年かかるようです。

一方セイヨウタンポポは、どんな小さなロゼットでも、翌春に花をつけます。可愛らしいタンポポの花が1つだけ咲いていていたら、それはセイヨウタンポポです。

発芽して間もない小さなロゼット

タンポポは厄介者？

タンポポの綿毛が自分の庭に飛んできて、可愛い花を咲かせたら、どう思いますか？「ラッキー！」と喜ぶのでは？　ところが、世の中には、それをとても嫌う人たちもいるのです。

アメリカ郊外の住宅地は、道路と住居の間に前庭があり、芝が植えられています。アメリカ人は、この芝生がきれいに整えられていることを、とても大切にします。芝が伸びていたり、ほかの草が混じっていたりするのは論外。隣人たちから「あの家の人はだらしない」と思われてしまいます。

そんな所で、日本人が家を借りると大変。芝生に咲いたタンポポに目を細めていると、隣人たちが遠慮なく、目の前で引っこ抜いてしまいます。他人の庭なのに、わざわざ除草剤を撒きにくる人もいます。

芝生の手入れを怠る家があると、その地区全体の土地価格が下がるとか。

ですから、芝生の手入れとタンポポの駆除は、日本人主婦たちを悩ます憂鬱の種。タンポポの綿毛を吹き散らすなどという「犯罪的行為」は、怖くてとてもできないそうです。

隣人たちのタンポポへの視線が怖い！

・Secret 6・

セイヨウタンポポ の 秘密

QUESTION 1

セイヨウタンポポは、いつ日本に入ってきたの？

Answer

明治時代にまず北海道に入ってきました。今では全国に広がっています。

●まず札幌で大繁殖

札幌農学校（北海道大学の前身）の米国人教師ウィリアム・ブルックスが、1884年（明治17年）に試験栽培用のタンポポの種を本国の会社に発注した記録が残っています。また、明治政府から牧場開設の指導に招かれた米国人獣医師エドウィン・ダンにも、タンポポの種を導入したという話があります。

漫画「ゴールデンカムイ」にも登場するダンは、エゾオオカミを絶滅させたことでも有名。エゾオオカミの根絶者がセイヨウタンポポの普及者だったというのは、何だか皮肉な感じがします。

●的中した牧野富太郎の予言

日本の植物分類学の父といわれる牧野富太郎は、札幌でセイヨウタンポポが大繁殖していると聞き、1904年（明治37年）に、「遂には…南進し、我那（わがくに）全土に普（あまね）きに至らん」と、セイヨウタンポポの生息地が拡大し、在来タンポポとの「混戦」が起きることを予言しています。

1.エドウィン・ダン

2.明治末期、北海道の多様な可能性を描いた漫画「ゴールデンカムイ」（野田サトル著/集英社）

3.牧野富太郎

Q
UESTION 2

セイヨウタンポポは在来タンポポより強いの？

A
nswer

セイヨウタンポポはクローンでふえるので、単独でも生きていけるけれど、受粉でふえる在来タンポポは、群の中でしか生きられません。また、セイヨウタンポポは一年中花をつける、種子はすぐ発芽するなどの特徴があり、繁殖力が強いことは確かです。

在来タンポポのうち、平地で普通に見られるカントウタンポポなど2倍体の種類は、受粉でふえます。でも自家受粉できないので、花粉をやり取りする仲間と一緒に群をつくる必要があります。だから、分布域を広げるのにも時間がかかります。

セイヨウタンポポは単独で種子をつくることができるので、風に乗ってどんどん分布域を広げていきます。

また、在来タンポポは夏の間休眠しますが、セイヨウタンポポは休眠せず、一年中花を咲かせます。頭花が大きいので、種子の数も多く、種子は地面に着くとすぐに発芽し、翌春に花をつけます。在来タンポポの種子は秋まで休眠し、花をつけるまで数年かかります。

でもセイヨウタンポポには、暑さに弱いという弱点もあります。夏に発芽した種が、暑さに負けて枯れてしまうこともあります。

[セイヨウタンポポと在来タンポポの比較]

	セイヨウタンポポ	在来タンポポ
総苞外片の形	反り返る	直立
小花の数	100〜200	100〜150
生殖方法	クローンでふえる	受粉でふえる(2倍体)
生活スタイル	単独で生きられる	群れで生きる(2倍体)
花期	一年中	春
夏の過ごし方	休眠しない	休眠する
発芽	すぐに発芽	秋まで休眠
花をつけるまでの期間	翌春	数年
その他	暑さに弱い	暑さに強い

QUESTION 5

在来タンポポが減っているのは、「タンポポ戦争」でセイヨウタンポポに負けたからなの？ セイヨウタンポポは悪い花なの？

Answer

在来タンポポが減っているのは、セイヨウタンポポとの「戦争」に敗れたからではありません。人間がもたらした土地環境の変化によって、在来タンポポが棲める場所が減っているせいです。

ひところ、「タンポポ戦争」という言葉が話題になりました。2つのタンポポは戦っており、敗れた在来タンポポが、セイヨウタンポポに追われているという物語です。

今ではこうした見方は否定され、在来タンポポが減っている原因は、私たち人間にあると考えられるようになりました。急激な都市化や大規模工事の繰り返しによって、地表は徹底的に掘り返され、どんどんコンクリートで覆われていきます。在来タンポポが滅んだ後の空白に、悪条件でも生きられるセイヨウタンポポが入り込む。これがセイヨウタンポポが増えているという現象なのでした。

今日では、セイヨウタンポポですら生きられない場所が拡大しています。逆に、里山が保護された場所では、在来タンポポはしっかりと生き抜いています。

タンポポ戦争？

QUESTION 4

タンポポが「環境指標植物」と呼ばれるのは、なぜ？

Answer

研究者と市民が協力した「タンポポ調査」が各地で取り組まれた結果、在来タンポポと外来タンポポの分布が、都市化の進行など、その地域の環境を的確に示していることがわかったためです。

●タンポポ調査の方法

タンポポ調査は、在来タンポポが減ったのは外来タンポポが増えたのが原因、という見方に疑問を持った研究者と市民によって、１９７３年にまず阪神地域ではじまりました。

調査範囲を４平方kmの正方形に分割した地図をつくり、４～５月期に見つけたタンポポの蕾《つぼみ》を送ってくれるよう、市民に呼びかけました。蕾にしたのは、総苞《そうほう》の形が見やすいためです。調査には３０００人を超す市民が協力し、たくさんの蕾が集まりました。

それを在来種と外来種に分けて正方形ごとに記入し、外来種だけの地区、外来種優勢の地区、在来種だけの地区、在来種優勢の地区、タンポポが見つからなかった地区の５つに色分けしました。

● タンポポの分布の違いは都市化が原因だった

その結果、外来種が優勢なのは都市化が進んだ地域で、農村や山ではまだ在来種が優勢ということがわかり、外来タンポポと在来タンポポの分布の違いが都市化の進行によることが確認されました。

さらに、色分けした地図を、地上から放出される赤外線量を計測した衛星写真と重ねたところ、両者は見事に一致したのです。

タンポポ調査はその後、各地に広がり、現在も続いています。

1.「タンポポ調査」への協力を呼びかける大津市の告知文

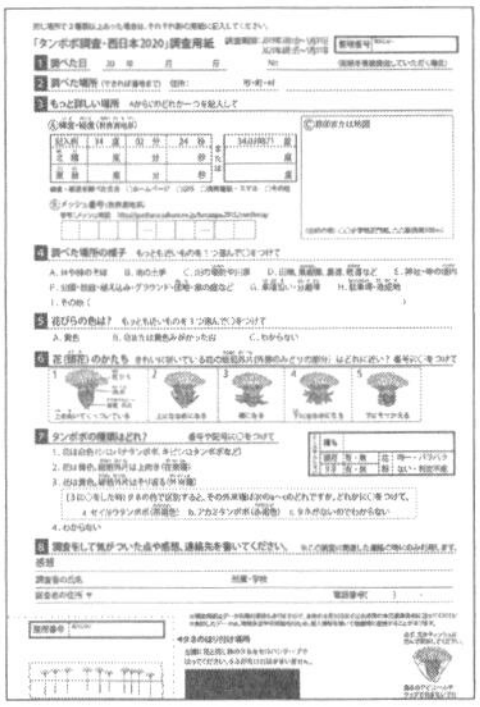

2.「西日本タンポポ調査」で使われる調査用紙

QUESTION 5

雑種のセイヨウタンポポがふえているって本当？

Answer

DNA解析の結果、セイヨウタンポポの半分以上が日本タンポポとの雑種になり、純粋のセイヨウタンポポは減っていることがわかりました。

2倍体の在来タンポポの花に3倍体のセイヨウタンポポの花粉をかけると、3倍体、4倍体の雑種ができることがわかりました。この発見を受けて、各地でDNA解析が進められました。その結果、北海道をのぞく各地で、雑種セイヨウタンポポが半数以上になっていることが確認されました。

3倍体は正常な減数分裂ができないため、花粉の染色体数はまちまちで、大きさはバラバラになります。母親の在来タンポポが、父親の2倍体の花粉を受粉すると3倍体、3倍体の花粉となら4倍体の種子をつくると考えられます。セイヨウタンポポの花に在来タンポポの花粉をかけても、受粉しません。

クローンでふえるセイヨウタンポポは、母親にはなれませんが、父親として雑種セイヨウタンポポを生み出すわけです。雑種のセイヨウタンポポは、自らのクローンをつくってふえていきます。

雑種強勢※のおかげで、暑さに弱いという純粋種の弱点はなくなり、ヒートアイランド化が進む都市部でも、適合して生きられます。

雑種セイヨウタンポポは、在来タンポポの遺伝子を3分の1または4分の1持っているので、形が在来種に似てきます。総苞《そうほう》外片のつき方も、半分は反り返り、半分は直立するなどバラバラで、在来タンポポとの見分けを困難にしています。

※雑種強勢……遺伝的に異なる両親から生まれた子は、両親の特性よりも優れた形質を示す遺伝現象のこと

雑種セイヨウタンポポ

天然ゴムの原料として注目

タンポポをちぎると、どこからでも白い乳液が出ます。この乳液がタンポポにとってどういう役割をはたしているのかは、まだ定説がありません。しかし近年、この乳液が天然ゴムの原料として注目されています。

現在、ゴムはほとんどが合成でつくられています。しかし、自動車のタイヤのように弾力性と強度が必要なものは、合成ゴムだけでは足りず、天然ゴムを混ぜる必要があります。特に飛行機のタイヤは、１００％天然ゴムでないと、安心して離着陸ができないそうです。

天然ゴムは植物の乳液からつくられます。乳液を出す植物はたくさんありますが、良質なゴムをつくれるのはゴムノキとタンポポぐらいだそうです。

これまで原料のほとんどは、東南アジアのゴム園で栽培されるパラゴムノキから採られていました。しかし、ゴムノキの病気が流行したうえ、パーム油の原料となるアブラヤシ栽培への転換が進み、ゴム農園は減少。そこで新たな原料としてタンポポが注目されているのです。

　ドイツのタイヤメーカーのコンチネンタル社は２０１８年、タンポポゴム研究所を開設したと発表しました。同研究所では、原料となるロシアタンポポの栽培と、ゴムの抽出技術の開発に取り組んでいます。

タンポポゴムタイヤの完成予想図（上）
ロシアタンポポからの天然ゴム抽出作業（下）
／コンチネンタル社のHPより

タンポポの神話

南風の神様は夢見がちで、いつも木蔭にまどろんでいました。

ある日のことです。野原をのんびり眺めていると、美しい金色の髪の少女が目に映りました。

神さまはひと目で恋に落ち、それから想いは募るばかりです。けれども、どうしても声をかけることができません。

ただ毎日その姿を見つめているだけでした。

そんなある朝のこと。野原には愛しい少女はおらず、その場所に真っ白な髪のお婆さんがぽつんと立っていました。

「夜のうちに北風がやって来て、あの娘に冷たい指で触れたにちがいない」

そうため息をついた瞬間、白髪のお婆さんは吹き飛んで消えてしまいました。

今でも南風の神様は、少女を探して世界中を放浪しています。そして夏をもたらすのだといいます。


（北米のネイティブアメリカンの言い伝えより）

Column 7

・Secret 7・

タンポポの文学館

愛とは一種の花です。
種子が風に吹かれ、落ちたところで
開花するのです。

オノレ・ド・バルザック
（作家・フランス）

道端に咲くタンポポは、
踏まれても綺麗な花を咲かせる

ウ・ジャンチュン
（農学者・韓国）

たんぽぽの　サラダの話　野の話

高野素十
（俳人・日本）

たんぽゝと　小声で言ひて　みて一人

星野立子
（俳人・日本）

たんぽぽは地の糧　詩人は不遇でよし

寺山修司
（作家・日本）

たんぽぽの　花には花の　風生れ

中村汀女
（俳人・日本）

たんぽぽのお酒。
　この言葉を口にすると舌に夏の味がする。夏をつかまえてびんに詰めたのがこのお酒だ。

（中略）

　するとそこに、何列も何列も、朝に開いた花がそっときらめき、わずかに積もった埃の膜を通してこの六月の太陽の光が輝く、たんぽぽのお酒が並んでいることだ。それを透かして冬の日をじっと凝視してみるといい——雪はとけて草が現われ、樹々には、鳥や、葉や、花が戻ってきて、大陸いっぱいの蝶々のように、風にそよぐのだ。またそれを透かして見れば、鉄色の空が青く変わるのがわかるだろう。

レイ・ブラッドベリ（作家・アメリカ）
小説「たんぽぽのお酒」より　北山克彦訳

あたしねえおとうさん、たんぽぽは子供に似てゐると思ふの。
てふてふ※やはちと一日ぢゆう、元気にをどつてゐるようぢやありませんか。
お日さまがしづむと　たんぽぽも目をふさいで、ねむりますのよ。
それからね、朝になつてお日さまが目をさますと、
（中略）
たんぽぽは金色の目をあけて、青いお空や、飛んでゐる虫や、はつてゐる虫や、
歌つてゐる鳥に、お早うをいふのよ。

村岡花子（翻訳家、児童文学者・日本）
童話集「たんぽぽの目」より
（漢字の旧字体は新字体に変換）

※てふてふ……ちょうちょ

村岡花子は、「赤毛のアン」の翻訳者。若い頃に書いた童話「たんぽぽの目」では、タンポポが朝開いて、夜閉じる様子が、子どものまなざしを通して描写されています。

タンポポは　いつも
ポポン…　と咲いているように見える
人間などが　生まれるまえの
ずうっと　大昔から

まど・みちお（詩人・日本）
「ポポン…」より抜粋

ちってすがれたたんぽぽの、
かわらのすきに、だァまって、
春のくるまでかくれてる、
つよいその根はめにみえぬ。

見えぬけれどもあるんだよ、
見えぬものでもあるんだよ。

金子みすゞ（童謡詩人・日本）
「星とたんぽぽ」より抜粋

すず「周作さん
ここらのたんぽぽはみな
白いんですね」
周作「黄色んもあるで　ほれ」
すず「あっ　摘まんで下さい」
「遠くから
来とってかも
知れんし…」

こうの史代（漫画家・日本）
漫画「この世界の片隅に」より

広島から呉に嫁いできた主人公すずが、
白いタンポポを見て夫の周作と交わした会話。
自分の身の上を黄色いタンポポに重ねています。

たんぽぽのぽぽのあたりをそつと撫で入り日は小さきひかりを収《しま》ふ

河野裕子（歌人・日本）

歌集「歳月」より

illustration：Dugald Stewart Walker（1883～1937）

月の夜にいづこへ発ちてゆかむとす　たんぽぽいろのたましひひとつ

永井陽子（歌人・日本）

歌集「小さなヴァイオリンが欲しくて」より

S T O R Y

モルモットたちはみんなたんぽぽが大好物！だけどあんまり食べ過ぎちゃって、１本残らずたんぽぽがなくなっちゃった。さあ大変。クリストファーはどうするの？

「タンポポたいへん！」
文・絵／シャーロット・ミドルトン
翻訳／アーサー・ビナード
刊行／鈴木出版（２０１１年）

S T O R Y

うさぎのふうとはなは春のお散歩。「ふう」は風。「はな」は花。出会ったのはたんぽぽです。花の上にはテントウムシ。シジミチョウやミツバチもやってきて……

「ふうとはなとたんぽぽ」
文・絵／いわむら　かずお
刊行／童心社（２０１８年）

タンポポの絵本館

STORY

日が暮れて、誰もいない春の野原に、女の子がひとり、立っています。エプロンの中には、白い子猫。女の子はお母さんに、子猫を野原に捨ててきなさい、と言われたのでした

「やさしいたんぽぽ」
絵／南塚 直子　文／安房 直子
刊行／小峰書店（２０１８年）

STORY

野ウサギのくうは、おばあちゃんにクッキーを届けます。たんぽぽの綿毛を吹きながらやってきたくうを見て、おばあちゃんは「たんぽぽの魔法」を教えてくれるのでした

「たんぽぽのまほう」
文・絵／河本 祥子
刊行／福音館書店（２０１８年）

・Secret 8・

タンポポ
の
レシピ

タンポポは栄養豊富なメディカルハーブ

タンポポは洋の東西を問わず、古来から薬用・食用として重宝されてきました。

ビタミンA、ビタミンB、ビタミンC、ビタミンDのビタミン類と、カリウムや鉄分などを豊富に含み、葉はもちろん、花や茎、根の全草が利用されてきました。

ヨーロッパではメディカルハーブと位置づけられ、漢方でも、全草を天日干しして刻んだ「蒲公英（ほこうえい）」という名の生薬が、古くから人気を博してきました。

挙げられている薬効は、主なものだけでも、胃腸を健康にし、消化を助ける健胃効果、尿の出を促す利尿効果、肝臓や腎臓を解毒するデトックス効果、母乳の出をよくする催乳効果など、実に多様です。

学名のタラクサクム＝「苦い草」という名の通り、やや苦味がありますが、ハーブになじんだ人なら、抵抗は少ないでしょう。むしろ積極的においしいと感じるに違いありません。

摘み菜のときには，ペットや車の往来の多い場所を避けること。
食べる前に湯通しした方が安心

タンポポとクルミのサラダ

［材料］

タンポポの葉……数枚
レタス……3～6枚
ニンジン……1本
クルミ……30g
チーズ……少々
レモン汁……大さじ1
オリーブオイル…大さじ1
塩……適量
コショウ……少々

［作り方］

1 花が咲く前、あるいは咲きはじめたばかりの若いタンポポの葉を摘む

2 クルミは砕き、香ばしくなるまで炒る

3 タンポポの葉とレタスを洗って水をよく切り、食べやすい大きさにちぎる

4 ニンジンを細かくすりおろす

5 オリーブオイル、レモン汁、塩、コショウを混ぜてドレッシングをつくる（ハチミツを加えてもよい）

6 サラダボールに1～4を入れ、チーズと5をかけて、できあがり

❀ロシアやヨーロッパでは、タンポポはサラダとしてよく食べられています

タンポポと新緑のスープ

【材料】

タンポポの葉……数枚
お好みの野草・ハーブ…150g
（タンポポ、スイバ、ヘラオオバコ、ルッコラ、グリーンリーフ、チャイブ　など）
ジャガイモ……220g
タマネギ……120g
豆乳あるいは牛乳…200㎖
生クリーム……大さじ4
バター…大さじ1と2分の1
小麦粉……大さじ3
野菜ベースのスープストック……500㎖
塩……適量
コショウ……少々

【作り方】

1 ジャガイモとタマネギを1㎝ほどの大きさに切る
2 タンポポの葉と野草・ハーブは、洗って細かく刻む
3 鍋にバターを入れて火にかけて溶かし、小麦粉を加えて混ぜる
4 スープストックを加えて、1をやわらかくなるまで煮込む
5 4に2を加え、緑色が鮮やかになるまで2分程度煮る
6 5が冷めたら、ミキサーでピューレ状にする
7 ピューレに豆乳、あるいは牛乳を加え、塩コショウで味を調える
8 生クリームを加えたら、できあがり

※ 日本に七草粥があるように、ドイツでは春になると緑色をした野草スープを食べます。使われる野草・ハーブはタンポポのほかセイヨウイラクサ、イワミツバ、カキドオシ、ヘラオオバコ、ルッコラ、チャイブ、デージーなどです

タンポポのシロップ

［材料］

タンポポの花……300g
水……1ℓ
砂糖……500g
レモン……1個

［作り方］

1 タンポポの花を収穫し、優しくていねいに洗う
2 緑の部分を取りのぞき、花だけにする
3 2と水を鍋に入れて火にかけ、沸騰したら火をとめる
4 フタをして一晩おく
5 4をザルにあけて漉し、花のエキスを搾り取る
6 5に砂糖とレモンの汁を加え、鍋に入れて火にかける
7 好みの濃さになるまで煮つめて、できあがり

＊ドイツなどヨーロッパでは、手づくりするひとも多いそうです。
ハチミツの代わりにホットケーキにかけても

タンポポのお酒

【材料】

タンポポの花……100～150g
氷砂糖……100g
食用アルコール……900ml
（35度以上のホワイトリカー、ウォッカ、ラム酒など）

【作り方】

1 タンポポの花の部分だけを摘み、よく水洗いする
2 キッチンペーパーなどで水気をふき、ザルの上などに並べ、一晩陰干しをする
3 煮沸消毒したビンに、氷砂糖・タンポポ・アルコールの順に入れる
4 フタを閉め、冷暗所に保存。時折ビンを揺すって、氷砂糖を溶かす
5 1カ月たったら花を取り出して漉す
6 3～5カ月で熟成し、できあがり

＊花の分量、熟成期間はお好みで。ハチミツを入れてもよし。
ちなみにレイ・ブラッドベリの小説「たんぽぽのお酒」（134P）では、抽出したタンポポエキスにレモンなど柑橘類の汁を混ぜ、酵母かイースト少々を加えて発酵させます

タンポポコーヒー

【材料】

タンポポの根……適量

【作り方】

1 タンポポの根をスコップなどで掘り起こし、土を振るい落として、軽く水洗いする

2 葉と茎、根の部分を切り落とし、根を流水でていねいに洗い流す

3 適当な大きさ（目安は5～19㎜）に切ってよく洗う

4 ザルの上などに並べ、天日で2～3日乾燥させる

5 フライパンでじっくりと20～30分、少し焦げ目がつくくらい炒る

6 冷ましてミキサーで粉末にし、さらに炒る

7 香ばしい香りがしてきたら、できあがり
コーヒーと同じようにペーパードリップで抽出して飲む

※タンポポ茶の作り方の手順は、コーヒーと1～3まで共通

4 切ったタンポポの根を小さじ2の割合で鍋に入れて、1～2分弱火で煮る

5 漉し器でお茶を漉せばできあがり

❋ 玄米茶、麦茶、緑茶など適量ブレンドすると、味がよりマイルドに
※タンポポの根は下に向かってまっすぐに地面深くに生えています。
傷つけないように、ざっくりと全体を掘るようにします
※胃腸が弱い方、植物アレルギーのある方、リチウム系の処方を受けている方は、医師に相談のうえ摂取してください

タンポポの綿毛のハーバリウム

［材料］
造花用のワイヤー（20番）
※なければ爪楊枝
ホワイトボンド
ヘアスプレー
ベビーオイル

Check

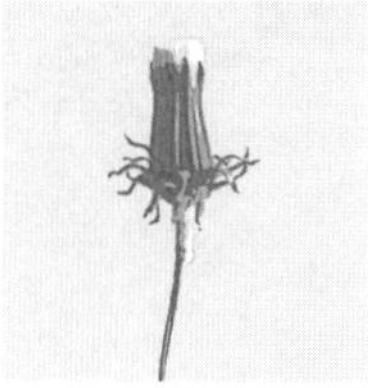

花茎にワイヤーを刺しこむ

［作り方］
1 花が終わり、花茎が寝てしぼんだ状態のものを摘む
※綿毛がまだ開いていないもの
2 花茎を2cmほどに斜めに切る
3 切り口に、ボンドを中に入れるようにしてつける
4 先端にボンドをつけたワイヤーを刺しこむ
5 プラスチックのトレイなどに刺して、乾燥させる
6 綿毛帽子が開ききったところでヘアスプレーをかける
7 容器に綿毛を入れ、ベビーオイルで浸す
8 フタを閉めてできあがり

ハーバリウムとは植物標本のこと。
夜、ライトアップすると、とてもきれいです

Illustration : RIN

タンポポのブレスレット

【材料】

なるべく長い茎のタンポポ
……お好みの量

【作り方】

1 まず2本を交差して持つ

2 交差部分をしっかり押さえ、上の茎をクルリと下の茎に巻きつける
※巻きつけた茎が一番上にくるように、2本まとめて持つ

3 3本目も同じように上に置きクルリと巻きつけ、その茎が一番上になるようまとめて持つ

4 これを繰り返して、お好みの長さまで編み込む

5 最初の花を、最後にまとめた茎部分の上に乗せる

6 まとめるため用の1本につなげて結び、できあがり

illustration : RIN

DATE　　・　　・

MEMO

索引

index

用語

か

さ

た

は

植物名

人名

おわりに *Conclusion*

本書『たんぽぽの秘密』は、『七十二候のゆうるり歳時記手帖』『草の辞典』に続き、野の草にふれた3冊目の本です。

本書を上梓できたのは、ひとえに、『草の辞典』以来ご指導を仰いできた森田龍義・新潟大学名誉教授のおかげです。森田先生はシナノタンポポの命名者であり、オランダでの研究中に、日本タンポポにセイヨウタンポポの花粉をつけるとセイヨウタンポポの雑種が生じることを発見したタンポポ研究者です。

タンポポの生態の不思議についてお話を伺ううちに、タンポポの魅力を伝える本を出したいという思いが強くなりました。素人の私が出す初歩的な質問に、先生が丁寧に答えてくださるという過程により、この本の大半は成り立っています。

こんなに美しく目立つ花の存在が、なぜ古代の日本では無視されてきたのでしょうか。タンポポをめぐる、この最大の謎に踏み込めなかったことが、心残りです。けれど脱稿の間際に、作家・澁澤龍彦のエッセイ集『玩物草紙』を読み、そのヒントが書かれているのを見つけました。

澁澤龍彦は「好きな花はタンポポ」と述べたうえで、その理由として「花鳥風月的な情緒によって汚染されていない」ことを挙げています。また、「ロゼット葉」と「茎が中空で、細長く伸びた先端に一個の頭花を生ずる」というタンポポの形態が、「抽象的な」印象を与えると指摘しています。

澁澤龍彦がタンポポを好んだ理由は、裏返すとそのまま、タンポポの魅力が古代の日本で黙殺されていた理由にもなると思われます。

タンポポが江戸時代に入って一躍人気の花となった要因について、森田先生は『タンポポ』という、一度耳にしたら忘れられない名前の普及が最大の原因」と指摘されています。

タンポポと私たちとの関係の物語は、今も変化しながら続いています。セイヨウタンポポの勢力拡大と在来タンポポの減少をどう考えるべきか。さらには、セイヨウタンポポの大半が、在来タンポポとの雑種になっていることもわかってきました。


この本を手にとってくださったみなさんが、少しでもタンポポの魅力に興味を持ち、楽しんでくださいましたら、幸いです。

2020年1月29日

SPECIAL THANKS

執筆作業の中で、各地でタンポポの観察や保護に取り組んでいる方々の存在を知ることができました。

写真を快くご提供してくださった、岡山県倉敷市の狩山俊悟様、島根県松江市の「日本たんぽぽラボ」安部祐史様、そして中沢妙子様の各氏に改めて感謝を申しあげます。

センスある装幀を手がけてくださった三崎了さん、執筆協力をしてくださった森田修氏、素敵なイラストを描いてくださったささきみえこさん、RINさん、そして雷鳥社のみなさま、本当にどうもありがとうございました。

イラスト素材(2p,89p)・画像：PIXTA

参考文献　*Bibliography*

「わたしのタンポポ研究」
保谷彰彦／著（さ・え・ら書房）

「たんぽぽ」
甲斐信枝／作・絵（金の星社）

「タンポポのずかん」
小川潔／監修（金の星社）

「ぜんぶわかる！タンポポ」
岩間史朗／著　芝池博幸／監修（ポプラ社）

引用文献　*Citations*

「たんぽぽのお酒」
レイ・ブラッドベリ／著　北山克彦／翻訳（晶文社）

「たんぽぽの目」
村岡花子／著（鶴書房）

「まど・みちお少年詩集―つけもののおもし」
まど・みちお／著（ポプラ社）

「ほしとたんぽぽ」
金子みすゞ／著（JULA出版局）

「この世界の片隅に」
こうの史代／著（双葉社）

「歳月―河野裕子歌集」
河野裕子／著（短歌新聞社）

「小さなヴァイオリンが欲しくて―永井陽子歌集」
永井陽子／著（砂子屋書房）

たんぽぽの秘密

2020年3月10日 初版第1刷発行

著　森乃おと
執筆協力　森田修
イラスト　ささきみえこ/RIN

装幀　三崎了
編集　森田久美子
発行者　安在美佐緒
発行所　雷鳥社

〒167-0043
東京都杉並区上荻2-4-12
TEL:03-5303-9766
FAX:03-5303-9567
info@raichosha.co.jp
http://www.raichosha.co.jp

郵便振替　00110-9-97086

印刷・製本　株式会社　光邦

定価はカバーに表記しております。

Printed in Japan
ISBN　978-4-8441-3685-9